丛书主编：霞子

万物皆有理

天文中的物理

冯麓　王岚　苟利军　著

电子工业出版社

Publishing House of Electronics Industry

北京·BEIJING

图书在版编目（CIP）数据

万物皆有理. 天文中的物理 / 冯麓，王岚，苟利军著 . — 北京：电子工业出版社，2023.2
ISBN 978-7-121-44948-2

Ⅰ. ①万… Ⅱ. ①冯… ②王… ③苟… Ⅲ. ①物理学－少儿读物 Ⅳ. ① O4-49

中国国家版本馆 CIP 数据核字（2023）第 010706 号

责任编辑：郝国栋　仝赛赛　文字编辑：刘　芳　常魏巍
印　　刷：河北迅捷佳彩印刷有限公司
装　　订：河北迅捷佳彩印刷有限公司
出版发行：电子工业出版社
　　　　　北京市海淀区万寿路 173 信箱　　邮编 100036
开　　本：889×1194　1/16　　印张：9.25　　字数：192.40 千字
版　　次：2023 年 2 月第 1 版
印　　次：2023 年 2 月第 1 次印刷
定　　价：160.00 元

凡所购买电子工业出版社图书有缺损问题，请向购买书店调换。若书店售缺，请与本
社发行部联系，联系及邮购电话：（010）88254888，88258888。

质量投诉请发邮件至 zlts@phei.com.cn，盗版侵权举报请发邮件至 dbqq@phei.com.cn。

本书咨询联系方式：（010）88254510，tongss@phei.com.cn。

图片来源

© 中国国家天文台：102 上左。

© 美国国家航天局（NASA）：39 中右，77 下，78 左中，102 上右，122 右中，139 中。

© 欧洲南方天文台：97 中。

© 凯克天文台：92 下。

　　大千世界中有无数千奇百怪的自然现象，这些看起来似乎是偶然的、独立的，其实"万物皆有理"。物理，是人类探寻万物运动规律和物质基本结构的一门学问，是人类认识世界和发展科技最基础的理论支撑，是青少年在成长过程中必须掌握的知识体系。

　　很多初中低年级学生和小学生对物理不感兴趣，觉得它枯燥难懂。这在很大程度上是由于最初的物理启蒙不足。单刀直入地传授物理知识，容易让孩子们望而生畏。《万物皆有理》就是一套衔接小学科学课和初中物理课的富有故事性的科普读物。

　　没有科普的沃土滋养，就没有科学幻想的繁花似锦。所以，进行物理启蒙教育，是激发青少年探索自然秘密的奠基工程，是从根本上提高青少年科学探索兴趣和想象力的有力措施。

　　这套书以传播物理知识、培养科学的思维方式、传递科学思想、科学精神为中心，通过科学家"大手拉小手"的方式，引导青少年从身边的生活、地球、海洋、天文、大气等不同领域，用"十万个为什么"的思考方式，探寻其中的物理原理和自然规律，了解科技史，领略科学家奇思妙想的由来，打开对未来科学发展的想象空间。大自然是神奇的，科学是不断进步的，很多未解之谜还等待着我们去发现和探索。

　　少年强则国强。少年强不仅仅在于他们掌握了多少科学知识，更重要的是科学思维方式的建立，以及崇高人文情怀的培育。

编　者

目录

身边的天文学

在我们的日常生活中，经常会看到一些有趣的天文现象，这些天文现象背后的物理原理是什么？这些物理原理是否也适用于日常生活的其他方面？在这一章中，我们将通过观察几个天文现象来探究它们背后的物理原理。

为什么会有季节更替

　　春去秋来，寒来暑往，季节的更替让我们的生活更加多姿多彩。在我国北方，春夏秋冬有着截然不同的气象条件。而在我国南方，春夏之间或秋冬两季的界限并不十分明显。到了我国最南方的地区，就很难见到寒冷的冬季了。为什么会有四季变化？为什么在不同地区，四季的表现有明显不同？

　　很多人认为，地球上的四季变化是由于地球绕太阳公转时，地球与太阳之间的距离不同造成的。他们认为太阳作为热源，就像暖气一样，冬季寒冷是由于地球离太阳远，而夏季炎热则是因为地球离太阳近。尽管这个观点听起来有一定的道理，但它并不正确。

根据天文学家的观测结果，地球围绕太阳公转的轨道是椭圆形的，但实际上，这个椭圆形非常接近圆形，椭圆的长轴和短轴的长度差别不到万分之二。地球和太阳之间的最大和最小距离也并不足以造成冬夏之间温度的明显差异。而且，地球在公转轨道上距离太阳最近的时候是 1 月份，也就是北半球的冬季，而距离太阳最远的时候是 7 月份，也就是北半球的夏季。另外，如果太阳和地球之间的距离是造成四季变化的原因，那么整个地球的所有地区都应该同时处于同一个季节，而不是我们过夏季时，南美洲的人却在过着冬季。这些证据都足以反驳"地球与太阳之间的距离是四季形成的原因"的说法了。

既然不是日地之间的距离造成了季节的更替，那又会是什么原因呢？

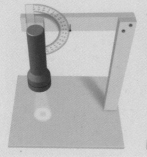 

模拟阳光照射角度的实验：这个装置可以模拟太阳以不同的角度照射地球。该实验需要在较为黑暗、安全的环境中进行。先将手电筒向正下方照射，观察光柱在地面上形成的光斑的形状和亮度。接着将手电筒倾斜，向斜下方照射，继续观察光斑的形状和亮度。对比两次实验，我们发现，当手电筒垂直射向地面时，地面上的光斑尺寸较小，但显得更明亮；斜射向地面时，光斑尺寸虽然大，亮度却降低了。

由于光自身携带能量，所以当光照射到物体上，被物体吸收后，这部分能量就可以转化为热量，使物体的温度升高。光照越强，照射到物体上的能量就越多，对于同一物体而言，被加热的程度就越深。这也正是阳光照射强烈时，我们会感觉到非常炎热的原因。

地球在自转的同时还围绕太阳转动，地球围绕太阳的转动称为公转。

地球在围绕太阳公转时，它的自转轴与公转轨道有一个固定的夹角。更形象的比喻是，地球一直朝着一个方向，歪着身子绕着一个以太阳为中心的椭圆形跑道跑圈。

右图给出了当北半球分别处于冬季和夏季时，太阳照射地球的示意图。和夏季相比，在冬季，阳光射向北半球时更偏向于斜射。根据前面的实验结果我们知道，相比直射，斜射会使光照的强度降低，所以，阳光在此时对北半球的加热程度比夏季时低。不仅如此，在同一时刻，阳光照射南半球的角度更接近90度，相当于直射，自然就造成了南北半球季节相反的现象。

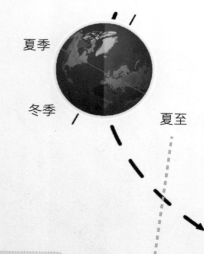

夏季

冬季

夏至

夏至，地球离太阳最远，距离约为1.52亿千米。

所以，地球上的四季变化并不是由于地球与太阳之间距离的变化造成的。根本原因是地球的自转轴不垂直于其公转平面。这就使得地球在不同公转位置时，太阳照射地面的角度不同，进而导致了加热程度的不同。根据这个道理，我们可以分析春季和夏季太阳照射地球的情况，对比南北半球的差异。

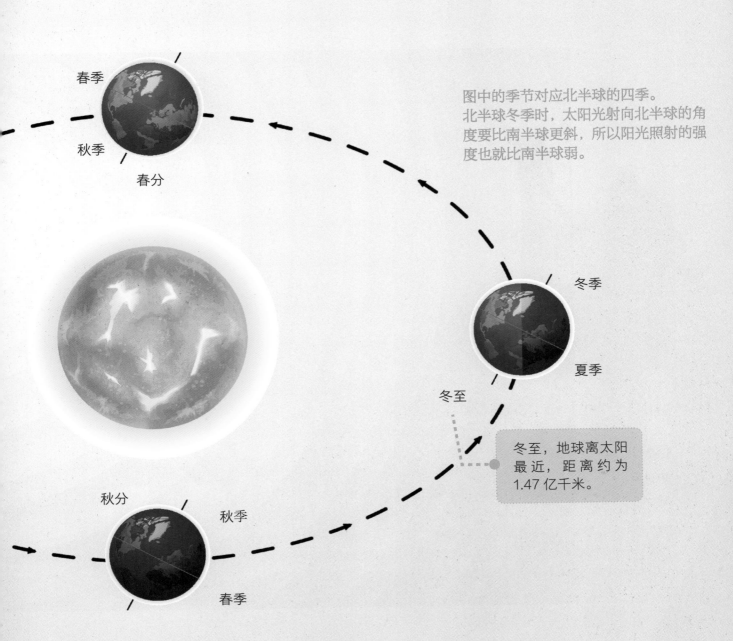

图中的季节对应北半球的四季。北半球冬季时，太阳光射向北半球的角度要比南半球更斜，所以阳光照射的强度也就比南半球弱。

春季
秋季
春分

冬季
夏季

冬至

冬至，地球离太阳最近，距离约为1.47亿千米。

秋分
秋季

春季

月食是怎样发生的

传说二郎神有一只哮天犬，每当人间作恶之人多的时候，哮天犬便会化为万丈之躯吞噬月亮，以警告世人为恶之害。人们见到此景便会反省自身，当恶人知错后，哮天犬便会吐出月亮。这是神话传说"天狗食月"的一种说法，用以告诫人们多行善事，不要作恶。虽然这只是一个神话传说，但其背后却隐藏着一个非常有趣的自然奇观——月食。

小实验

找两盏小灯并排放置，或将两部手机并排放置并打开闪光灯。在小灯不远处放置一个杯子。我们会发现，杯子后面的影子有深浅不一样的阴影区域。其中颜色较深的阴影位于两盏小灯的中心与杯子的延长线上，或者说在杯子相对两盏小灯的正后方，而颜色较浅的阴影则位于杯子相对两盏小灯的侧后方。如果我们再找一盏小灯，放在前两盏小灯之间，并打开它，我们会发现颜色较深的阴影仍在杯子的正后方，而影子的整体形状和阴暗区域会因为新加入的小灯而有所变化。

本影 半影

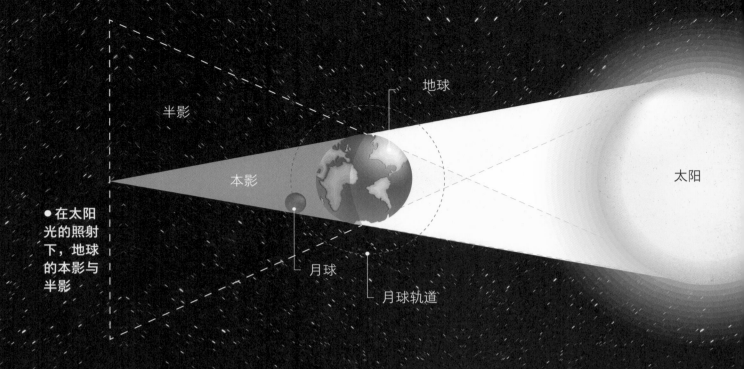

半影

本影

地球

太阳

月球

月球轨道

● 在太阳光的照射下，地球的本影与半影

那么，月食是如何发生的呢？

让我们展开想象，如果在最初的两盏小灯之间可以增加无限盏小灯，那么杯子后方的影子形状肯定会有变化，但总会出现比两侧的阴影更深的一块区域。在物理学及绘画技术中，位于物体相对光源正后方的颜色最深的影子叫作本影，而位于侧后方的颜色较浅的影子则叫作半影。

太阳就像一个拥有无穷多个小灯的巨大光源，向四面八方发射光芒。地球在围绕太阳旋转的时候，就像杯子一样。在太阳光的照射下，地球后方总是会出现本影和半影，相应的区域在天文学上分别称为地球的本影区和半影区。

因为月球总是围绕地球旋转，所以它会不时地转到地球的本影区和半影区。当月球转入半影区时，一部分太阳光虽然会受到地球的遮挡，但仍有不少光线照到月球上。所以这时月球看上去只是略微暗淡一些。一旦月球的一部分进入了本影区，我们就能用肉眼看到月食现象。月球暗淡的部分就是地球本影所造成的，而发亮的部分则位于地球的半影区。像这样部分发亮的月食被称为月偏食，当月球全部进入地球本影区后，则会出现月全食。和日食不同，由于地球本影区的大小比月亮大得多，可以遮住整个月球，所以不存在月环食现象。

所以，月食是由于地球遮挡了照向月球的太阳光造成的，与哮天犬无关。当月食发生时，地球的阴影同样会遮挡环绕月球飞行的航天器，使其在这段时间失去太阳能的供给。所以航天器在绕月飞行时，科学家们会提前安排好，在月食发生时将航天器上的大部分科学设备关闭，以保存能量，等月食结束后，再将设备重新开启。

月亮为什么会有阴晴圆缺

北宋诗人苏轼在其著名的词作《水调歌头·明月几时有》中写道："人有悲欢离合，月有阴晴圆缺，此事古难全。""阴晴圆缺"描述的就是月亮从一弯新月到如玉盘般的满月反复变化的不同形态，也称月相。

月相的变化是由什么造成的呢？月相与月食之间是否存在联系？要想弄清楚月相，我们还得从太阳、地球、月亮三者之间的位置关系说起。

我们可以做一个小实验。准备两件简单的实验工具：一盏台灯，一个插着筷子的小球（我们用一只手举起小球）。找一个面积较大的黑暗空间，以便我们可以在其中安全地旋转。打开台灯后，就可以开始实验了。

我们用台灯模拟太阳，用小球模拟月亮。看着小球的我们模拟的则是地球上望着月亮的人们。把小球举在我们的正前方，然后我们在原地逆时针旋转。

当我们旋转到不同的角度时，小球上出现了类似月相的变化。当台灯、小球和我们依次处在同一条线上时，小球朝向我们的那一面看上去一片黑暗；而我们稍微再旋转一点儿，小球上就会出现类似新月的小月牙；随着我们继续旋转，小球上面明亮的区域越来越多；当台灯、小球和我们再次处在同一条线上时，小球的表面全部被台灯照亮了；如果再继续旋转，小球上明亮的区域又会逐渐减少，直到我们回到原点，黑暗再次笼罩小球朝向我们的这一面。

第1步：朔月　第4步：下弦月　　月相变化

第2步：上弦月　第3步：满月

● 模拟月相小实验

我们在实验过程中所看到的现象与月相变化（从朔月到上弦月、满月、下弦月，再回到朔月）的过程是相似的。我们可以把实验结果与月相的变化图对比一下，看看是否一致。

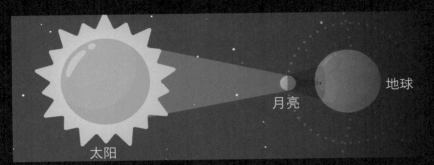

太阳　　月亮　　地球

● 太阳、地球、月亮的公转关系示意图

地球绕着太阳沿椭圆形的轨道公转，同时，月亮也会绕地球沿着近乎圆形的轨道旋转，这是造成月相变化的主要原因。

月相的变化是由于月亮绕地球公转时，我们只能看见月亮表面被太阳光照亮的区域而造成的。那么问题又出现了：为什么我们不是每个月都能看到月全食呢？

水星、金星、地球都在同一个绕太阳公转的平面上，而月亮绕地球的公转平面则和以上三个行星绕太阳公转的平面存在一个 5 度左右的夹角。这就使得太阳光照射地球时在地球背后产生的阴影有时可以遮住月亮，形成月全食，而更多时候，地球并不能遮挡太阳照射月亮的光线。正因为如此，月全食才不是每个月都会发生。

潮水是由月亮引起的吗

你喜欢去海边游玩吗？当海水落潮时，去海边沙滩上"赶小海"、捉螃蟹，趣味十足。到涨潮时，海水又会把人们在沙滩上玩耍时留下的脚印全部藏到水下。

海水的涨落究竟是由什么引起的呢？

古人对潮汐非常好奇，并尝试用对自然的理解去解释它。有人认为海水的涨落是由大海中巨人的呼吸造成的，也有人认为是由某种个头巨大的神兽出入海面造成的。一千年前，宋朝著名的潮汐学家余靖发现海水的涨落时间和月亮每日、每月显现出来的样子之间存在某种紧密的联系。于是他提出了月亮引起潮汐的观点，这个观点也一直影响着后世对潮汐的理解。

先贤的观察非常细致，他发现了月亮和潮汐之间存在着某种联系。但是，造成潮汐的真正原因却比余靖想象得更复杂。

(((知识小卡片

潮汐 海水因为受天体（主要是月球和太阳）的引力作用而定时涨落的现象。其中"汐"特指晚上出现的潮水。

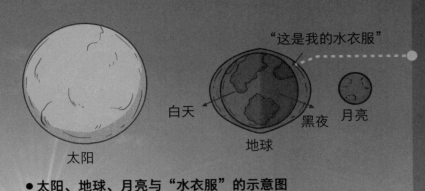

白天
"这是我的水衣服"
黑夜
月亮
地球
太阳

● 太阳、地球、月亮与"水衣服"的示意图

这件"水衣服"与地球仅依靠引力连接在一起。地球在自转时，尽管引力可以保证"水衣服"不被甩出去，但水和岩石之间的摩擦力却难以保证整个地球水体随着地球的岩石部分以同样的速度旋转。结果是，当地球上某处逐渐向水体很薄的部分旋转时，那个地方的海洋看上去就像退潮了一样。而在地球另一处逐渐向水体变厚的位置旋转时，那里的海洋看上去则像涨潮了一样。

地球表面的海洋之间相互连接，就像一件用水做的大衣一样，包裹在地球圆乎乎的"身体"外面。对于"没手没脚"的地球，只能依靠自己的引力，也就是重力，将这件"水衣服"紧紧地裹在"身上"。那这件"水衣服"长什么样呢？像上图里展示的，它中间凸，两头扁，是椭球形状的。两边凸起的部分分别朝向太阳和月亮。

需要注意的是，为了让大家看清楚，图中的尺寸都进行了一定程度的夸张处理，比如太阳和地球的距离远比地球和月亮的距离远。海水凸起的部分比扁平的部分远没有高出这么多。

假设地球上有一个小孩，地球带着小孩自转一周，分别经过 A、B、C、D 四个点。

沿着 A、B、C、D 转一圈正好是一天，对应两次涨潮，两次退潮。所以涨潮和退潮的时间间隔大致是 6 个小时。

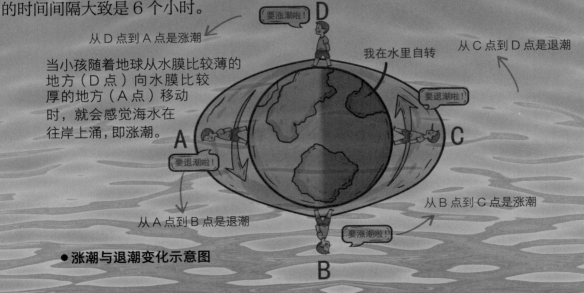

从 D 点到 A 点是涨潮

当小孩随着地球从水膜比较薄的地方（D 点）向水膜比较厚的地方（A 点）移动时，就会感觉海水在往岸上涌，即涨潮。

我在水里自转

从 C 点到 D 点是退潮

要涨潮啦！

要退潮啦！

要退潮啦！

从 B 点到 C 点是涨潮

从 A 点到 B 点是退潮

要涨潮啦！

● 涨潮与退潮变化示意图

海水水体为什么会呈现椭球形呢？

　　原因之一正是很早以前余靖推测的。月亮通过万有引力改变了地球上的水体。按照牛顿定律，任何有质量的两个物体都会相互吸引。吸引力的大小受两个物体质量的大小和距离的远近的影响。物体之间的距离越远，引力就越小；两个物体的质量越大，引力就越大。

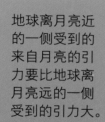

地球离月亮近的一侧受到的来自月亮的引力要比地球离月亮远的一侧受到的引力大。

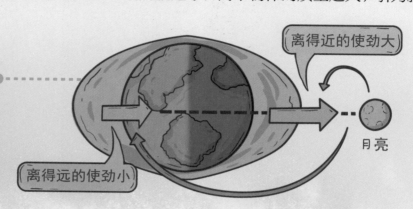

离得近的使劲大

离得远的使劲小

月亮

小实验

　　月亮的引力作用导致海水水体呈现椭球形。这有点像拉扯一个放在桌面上的圆形皮筋。由于皮筋的特性，当我们在一侧拽皮筋的时候，皮筋被牵拉的这一侧的受力比远离我们手的另一侧大。所以在受力方向的变形就会严重，从整体上看，两侧对称，呈椭圆形。

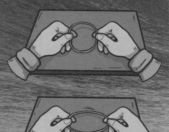

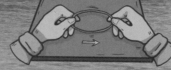

在万有引力的作用下，月亮不断地牵拉着地球。由于地球巨大，在靠近月亮的一侧，月亮造成的万有引力比远离月亮的那一侧大。相比地球上的岩石，水更容易变形，所以月亮对地球两侧不对称的引力会使地球呈现出临近月亮方向和相反方向上水体厚、垂直方向上水体薄的现象。这种引力差造成了地球上的潮汐现象，所以被称为潮汐力。对于宇宙中所有有质量、有大小的物体，潮汐力都是普遍存在的。

当月亮围绕地球公转时，就会带动"水衣服"跟着一起转。月亮公转一周的时间是一个月，所以"水衣服"的形状变动一圈也是一个月。这就是这件"水衣服"变形远比地球自转慢得多的原因。

月亮只是造成这种现象的原因之一，还有什么原因引起了潮汐的变化呢？

既然月亮可以引起潮汐的发生，那么比它大得多的太阳自然也可以。虽然太阳的质量极大，但是相对月亮，太阳与地球的距离却非常遥远，所以太阳对地球产生的潮汐力影响连月亮的一半也达不到。但无论如何，这两个天体都在同时对地球施展着潮汐力。如果拎出它们中的任何一个，能使地球潮汐变化最大的方向永远是太阳和地球的连线方向，或者月亮和地球的连线方向。如果两者同时作用，就会出现相互增强或相互抵消的情况。满月时，太阳、地球、月亮在一条线上，月亮和太阳的潮汐力相互增强，使水体变形最大，这时就会产生大潮。新月时，太阳和地球，月亮和地球的两条连线相互垂直，潮汐力相互抵消，水体变形最小，这时就会产生小潮。

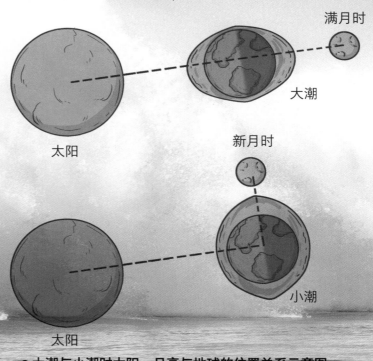

●大潮与小潮时太阳、月亮与地球的位置关系示意图

所以潮涨潮落并不是因为海水的增减，而是在潮汐力的影响下，地球的水体发生了变形。在宇宙中，潮汐力是普遍存在的。月亮总是以同一面朝向我们，地球现在的自转速度比早期的自转速度慢等现象都与潮汐力有关。

绕地球飞行的"天和号"

    2021 年 4 月 29 日，长征五号 B 遥二运载火箭载着"天和号"核心舱发射升空。"天和号"是由我国科学家自主研制的空间站核心舱，它的升空标志着我国航天技术又前进了一大步。通过现场直播，我们看到"天和号"与火箭逐渐分离。作为未来空间站的中心模块，它要在太空中绕着地球遨游至少 10 年。那么，"天和号"与火箭分离后，如何继续在太空中飞行呢？

    17 世纪，牛顿发现两个现象：一是万物都有向地面掉落的趋势；二是如果一个物体没有受到任何外力，它会保持静止，或者以恒定的速度沿直线前进。天上的月亮却仿佛违背了这两条规律，它不仅没有从天上掉下来，撞向地球，还能绕着地球转圈。这是为什么呢？

    为了解决这个问题，牛顿设想了一个实验场景。在这个实验里，地球是个完美的球形，上方也没有空气。假设一座高山的顶端有一门超级大炮，这门超级大炮只可以朝着水平方向开炮，但是可以调节每次开炮的火药数量。也就是说，人们可以通过控制炮膛内爆炸的力量，让炮弹以不同的速度发射出去。没有空气就意味着炮弹出膛后没有空气阻力使炮弹减速。

    根据抛掷石头的经验可以知道，当我们向水平方向抛石头时，石头会沿着抛物线飞出去，最终落地，炮弹也是如此。即使用超级大炮发射出去的炮弹，也会沿着抛物线落向地面。

    随着炮弹速度逐渐增加，炮弹飞行的轨迹会越来越长，落地的位置会越来越远。当炮弹的速度足够大时，神奇的事情就发生了：这颗炮弹竟然像月亮一样绕地球一直转，而不会掉下来。

    这样的现象并没有违背牛顿先前总结的那两条规律。炮弹确实是在地球引力的作用下向地面"坠落"的，并且这个"坠落"过程在持续发生。既然炮弹受到了引力的作用，它也就不能再保持匀速直线运动了。尽管它还保持着飞离大炮时的飞行速度，但轨迹却发生了弯曲，变成了圆形。这时炮弹的运动就成了匀速圆周运动。地球的重力提供了不让炮弹飞离地球的"向心力"。

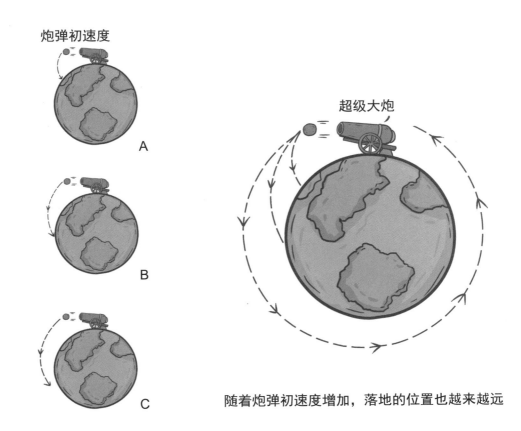

炮弹初速度

A

B

C

超级大炮

随着炮弹初速度增加，落地的位置也越来越远

● **牛顿设想的虚拟实验示意图**

此时，炮弹的飞行速度就是第一宇宙速度。第一宇宙速度是指让物体能够在地面附近绕地球做匀速圆周运动的速度。这个速度大约是 7.9 千米每秒，"天和号"离地面有一定距离，因此绕地球飞行的速度略低于 7.9 千米每秒。由于第一宇宙速度是让航天器能绕行地球的最小发射速度，也是绕转地球的航天器的最大运行速度，所以在航天领域也经常被称作"环绕速度"。科学家们正是将"天和号"以这样的速度发射至太空，才使其在太空中保持绕地飞行。

如果我们把炮弹发射得更快一些，会发生什么呢？它会偏离圆形轨道而飞行。好在地球的质量很大，质量越大引力也越大。在炮弹速度增加得不多时，地球引力还是有能力把它拽回来的，只是炮弹飞行的轨道会变成椭圆形。

当炮弹的速度超过 11.2 千米每秒时，地球的引力将无法阻止炮弹远离地球，这个速度被称为"逃逸速度"，也就是第二宇宙速度。2020 年，我国研制的用于探访火星的"天问一号"，就是以高于第二宇宙速度的速度被发射并飞向火星的。

尽管地球的引力没有办法束缚超过第二宇宙速度的航天器，但质量更大、引力更强的太阳却仍能将它们抓住不放。要想逃离太阳系，从地球表面发射的航天器的速度就要更快。这个临界速度被称为"太阳逃逸速度"，也就是第三宇宙速度，大小是 16.7 千米每秒。单凭地球上火箭的发射力量是无法达到这样的速度的。目前唯一飞离太阳系的航天器"旅行者号"，是依靠木星等行星提供的"引力弹弓"效应得以逃脱太阳的"势力范围"的。

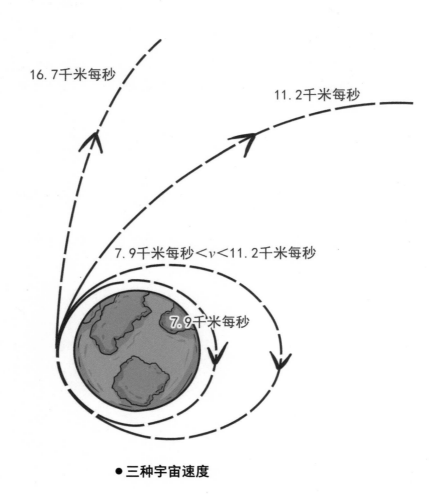

16.7千米每秒

11.2千米每秒

7.9千米每秒<v<11.2千米每秒

7.9千米每秒

●三种宇宙速度

总之，由于引力的作用，从地球发射出去的物体会因为速度的不同而有不同的运动轨迹。当速度达到第一宇宙速度时，它的轨迹是以地球为中心的圆形或椭圆形；当速度逐渐增加而达到第二宇宙速度时，它会飞离地球；而当速度高于第三宇宙速度时，它就能脱离太阳引力的束缚，飞离太阳系，探索更远的宇宙。

》》知识小卡片

宇宙速度 从地球表面发射的航天器达到环绕地球、脱离地球引力场和飞出太阳系所需要的最小速度，分别称为第一宇宙速度（7.9 千米每秒）、第二宇宙速度（11.2 千米每秒）和第三宇宙速度（16.7 千米每秒）。

"引力弹弓"让航天器飞得更远

科幻电影《流浪地球》中讲述了当太阳即将膨胀，开始侵占地球空间时，人类利用高科技让地球离开原来的运行轨道，并利用木星的"引力弹弓"效应，将地球送向新家园的故事。虽然这是虚构的，但在现实中，科学家的确用到了"引力弹弓"效应，将航天器发射至深空。

"引力弹弓"是指利用巨大质量的天体所产生的引力，改变接近它飞行的物体的运动轨道和速度的一种特殊的物理效应。

由于航天器可以直接飞行到被观测天体的上方，所以它们是科学家研究太阳系内行星最好的探测工具。从20世纪70年代开始，人类不断向临近行星，如金星、火星、水星等，发射航天器。这些航天器返回的数据，帮助天文学家对这些临近行星有了比较清晰的了解。但当天文学家们想要向木星等更远的行星发射航天器时却遇到了难题：相比火星与太阳的距离，木星距离太阳要远两倍多，而下一个行星——土星与太阳之间的距离，又是木星与太阳距离的两倍；天王星、海王星更是遥不可及。要想探索更远的行星，航天器的动力成了大问题。

●八大行星与太阳之间的位置和大小示意图。最左侧的是太阳，从左到右分别是水星、金星、地球、火星、木星、土星、天王星、海王星。从水星到火星，这四颗行星与其他四颗行星相比，彼此仿佛簇拥在一起。但即便如此，"天问一号"探测器从地球飞向火星仍然花费了202天之久。宇宙探索之难，由此可见一斑。

火星
地球
金星
水星
太阳

木星

土星

天王星

海王星

美国推力最大的火箭之一"泰坦3E-半人马"火箭也仅能携带航天器飞至木星，无法实现飞离太阳系所需要的第三宇宙速度。要想飞向更远的土星、天王星和海王星，甚至飞出太阳系，就必须设法达到更快的速度。

在茫茫太空中，从哪里才能找到某种力量给航天器再次助推？科学家想到了航天器在旅程中所经过的行星产生的"引力"。

如果你看过链球比赛就会发现，链球运动员在投掷链球时会一边甩球，一边旋转身体。不仅如此，他们在旋转时，整个身体还会向着最终抛球的方向移动。运动员将链球以这种方式甩出去，能够保证链球在被抛出去的瞬间，飞行速度比它围绕链球运动员自身旋转时还要快。因为运动员在将链球抛出去的那一刻，自身向前移动的一部分能量（动能），会从运动员身上转移到飞行的链球上，进而使链球在脱手的一霎那速度增加，并达到最快。如果我们将运动员换成行星，链球换成航天器，通过链球的铁链施加的拉力换成行星对飞行器施加的引力，就得到了"引力弹弓"这个听上去很神奇、道理却并不复杂的物理效应。同样，相对太阳，如果这时航天器的运动速度是 v_1，行星的移动速度是 v_2，那么当航天器从行星后方绕到与行星前进方向基本一致时，就会因为行星的引力而加速。在极限情况下，航天器的速度就会增加 $2v_2$ 左右（这里的计算用到了能量守恒定理，并且假设行星的质量远大于航天器）。与此同时，行星也会因为动能的减少而减速。但由于行星的质量太大了，这点动能损失所造成的减速几乎难以被察觉。

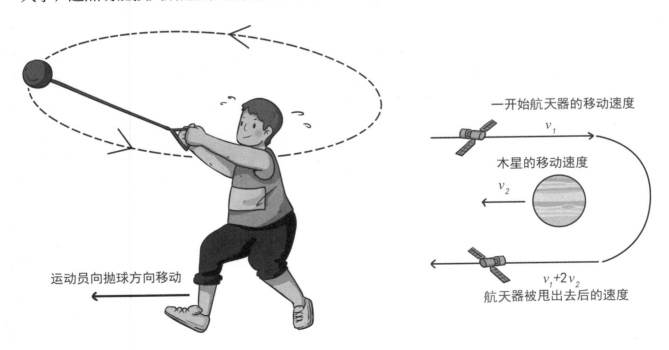

一开始航天器的移动速度 v_1

木星的移动速度 v_2

v_1+2v_2 航天器被甩出去后的速度

运动员向抛球方向移动

● 链球运动员投掷链球与"引力弹弓"效应

在"旅行者号"诞生之前，很多科学家对"引力弹弓"效应持怀疑态度。他们觉得"引力弹弓"效应会让航天器偏离直飞目标的直达轨道，花费更多的时间才能到达目的地。但天文学家加里·弗兰德罗在研究"引力弹弓"效应、计算航天器发射轨道时却发现，有一条轨道可以接连借助木星、土星的"引力弹弓"效应，将航天器访问土星所需要的时间减半，甚至将到达天王星、海王星所需要的时间减少三分之一。正是因为这条航线的发现，才催生了旅行者1号和2号计划。这两台航天器相继成功发射，并在"引力弹弓"效应下高速飞行，于2012年和2018年先后越过日球层，进入星际空间，成为两个最先离开太阳系的航天器。它们的成功证明了"引力弹弓"效应是可以被应用在航天器轨道设计中的，在合理规划轨道的前提下，能够帮助航天器缩短航行时间。

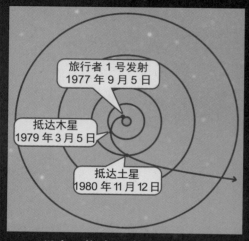

旅行者1号发射
1977年9月5日

抵达木星
1979年3月5日

抵达土星
1980年11月12日

● 旅行者1号飞行轨迹示意图（非正常比例）。最中心是太阳，从内到外的几个圈分别代表地球、木星、土星、天王星、海王星的轨道。在木星和土星轨道上的两个黑点处，旅行者1号抵近这两颗行星观测，同时会受到来自二者的"引力弹弓"效应，从而加速向太阳系外飞行。

那么，作为承载全人类的地球，是否可以像电影《流浪地球》中那样，借助"引力弹弓"效应，实现加速呢？随着我国航天事业的飞速发展，我国向宇宙深处探索的脚步将会越走越快。作为深空探索必不可少的"引力弹弓"效应也一定会被更好地应用在未来航天器的飞行设计中。

🔊 知识小卡片

日球层 太阳会不断向其周围射出带电粒子流。由于这些带电粒子流的流动特性和风类似，所以被称为太阳风。随着距离太阳越来越远，太阳风的强度也越来越小，无法超过来自其他天体的各种辐射。太阳和太阳风起主导影响作用的区域叫作日球层，这一区域的边界，也被认为是太阳系的边界。

加里·弗兰德罗

1965年，加里·弗兰德罗是美国国家航天局（NASA）的一名实习生。他当时的主要工作是计算行星的运行轨道。他发现，太阳系中的木星、土星、天王星、海王星会在20年以后同时运行到太阳的一侧。如果借助这次机会发射航天器，就可以一次到访这四颗行星。再借助行星巨大的引力，利用"引力弹弓"效应，就可以提高航天器的飞行效率。

星星真的在"眨眼"吗

"一闪一闪亮晶晶，满天都是小星星。"这首儿歌描述了夜空中的繁星忽明忽暗的现象。

古代天文学家早就发现了星星一闪一闪的现象，并尝试破解星星"眨眼"之谜。

在公元前 300 多年的古希腊，亚里士多德认为星星闪烁的现象不是它自身造成的，而是观察者在观察时眼睛肌肉的颤抖引起的。他认为，由于人们在观察那些不明亮甚至非常暗的天体时，需要用力扩张瞳孔，导致眼部肌肉颤抖，瞳孔大小不断发生变化，从而令星星看上去一闪一闪的。几百年后，有人猜测，或许这些星星本身的形状就类似钻石。这样，当它们旋转起来，以不同的面朝向地球时，就会发出不同强度的光。

直到 18 世纪，牛顿使用望远镜观测星空时发现，把望远镜放在高海拔的山上时观察到星星闪烁的现象会比把同一架望远镜放在低海拔处观察到的闪烁现象弱。牛顿猜测，低海拔相对高海拔增加的空气是造成星星闪烁的原因。

牛顿的推测后来被科学家们证实了，确实是空气造成了星星"眨眼"。看上去透明的空气是如何让星星"眨眼"的呢？

在夜空中，我们所看到的星星大部分都是银河系内的恒星和银河系外的星系。即使距离太阳系最近的恒星比邻星，以光速从地球飞过去也要 4.26 年左右。如果我们真的可以以光速飞行，那么飞到月球只需要 1.3 秒，而飞到太阳也不过 8.3 分钟。可见恒星距离我们是非常遥远的，那些银河系外的星系就更遥远了。

小实验

最常见的折射实验就是将一根筷子斜插入盛着水的玻璃杯中，从侧面看，筷子好像弯折了。原因就是水面上方的空气与水的折射率不一样，从而改变了光线的行进路线，让筷子看上去仿佛被折断了。如果让这个实验再复杂一些，在水面上再倒一层厚厚的、不溶于水的油。由于油和空气、水的折射率都不同，筷子就会在空气和油、油和水的交界处都发生弯折，一根筷子看上去像变成了三截。

● 筷子的折射实验

所以，即使这些天体的体积巨大，但因为距离足够遥远，从地球上看去，它们仍是一个个非常小的亮点。这些"亮点"在光学上被称为点光源。当这些光经过地球大气层时，发生折射现象。我们知道，折射是指光从一种透明介质斜射入另一种透明介质时，因介质的成分不同，导致光的传播方向发生变化的现象。同样的道理，星光穿过地球大气层时，光线的行进路线也会受到折射的影响。也就是说，这些光跑着跑着就拐弯了。

但是，与油和水这两种不相溶的物质不一样，来自天体的光经过的是大气，光线的行进方向怎么会在一种介质里发生变化呢？

在夏日炎热的街面上，尤其是柏油马路附近，由于地面温度高，接近马路的空气和附近阴凉处温度较低的空气之间的较大温差就会产生湍流。在它们的影响下，空气的密度会随时随地发生变化。如果空气密度高，折射率就高；如果空气密度低，折射率就低。随着湍流的空气不断运动，光线在穿过它们时就会扭来扭去。我们在观察远处的车辆时，会看到它们像海市蜃楼一样晃来晃去，就是由于光线在穿过地面湍流的空气时发生弯折而造成的。

地球上的大气层与杯中静置的水不同。大气层时刻都处于复杂的运动中，其中有一种被称为"湍流"的小漩涡，在大气中到处兴风作浪，导致各个地方的空气密度不断发生变化。同样的道理，大气中的湍流也会影响星光的行进方向。

由于大气湍流的不停变化，星光穿过大气时，即使光线都来自同一个恒星，前一时刻光线的行进路线也会与后一时刻不同。所以，天空中随时变化的湍流，会使得进入我们瞳孔的光线有时多、有时少，只有那些进入我们瞳孔的光线才能被我们感受到。

给我们带来的直观感受就是星星看上去时明时暗，一闪一闪的。而月亮由于离地球很近，巨大且明亮，尽管也会受到大气湍流的影响，但还是会有大量的来自月亮的光线进入我们的眼睛，湍流造成的影响可以忽略不计，但天文学家利用灵敏的探测器仍然可以探测到月光的闪烁现象，从而测量大气湍流的程度。

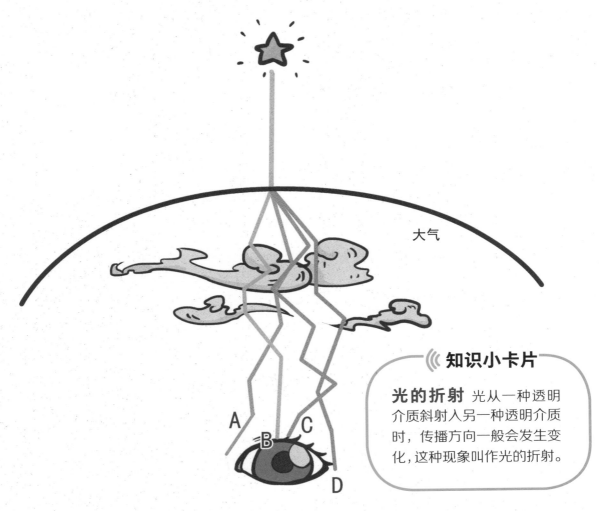

大气

知识小卡片

光的折射 光从一种透明介质斜射入另一种透明介质时，传播方向一般会发生变化，这种现象叫作光的折射。

● 湍流改变了恒星发出的光线的行进路线

地球的好邻居

"水、金、地、火、木、土、天王、海王"是大家耳熟能详的描述太阳系行星及它们轨道顺序的口诀。但鲜少人知道，这些行星有着两种截然不同的构造——一类像地球，另一类像木星。即使如此，像地球的行星中有的表面覆盖着厚厚的大气，有的却光秃秃的只剩下岩石和沙土。是什么样的物理规律导致它们如此不同？让我们在这一章中，一起寻找这些现象背后的物理规律。

为什么八大行星既有岩石行星又有气态巨行星

　　在太阳系的八大行星中，距离太阳较近的水星、金星、地球和火星都和地球相似，有一个金属内核，由岩石组成行星外壳，是岩石行星；而距离太阳较远的木星、土星、天王星、海王星则主要以金属和岩石为内核，外层包裹着厚重的气体，是体积远大于岩石行星的气态巨行星。是什么原因造成了太阳系的八大行星出现两种截然不同的结构呢？

　　原始宇宙中弥漫着岩石、尘埃、气体等物质，这些物质共同组成聚落，它们在外部影响和万有引力的共同作用下，开始旋转、聚合，逐渐出现了一个以原始太阳为中心，周围散布着各种物质的"盘"。这个原始太阳就像雪球一样一边旋转，一边依靠引力，将盘中绝大部分的物质黏附到身上。原始太阳质量的增加也使其内部因重力造成的压力迅速升高，温度也急剧攀升，并达到核聚变反应所要求的温度。原始太阳的内核一旦被核聚变点燃，太阳就在"燃烧"中真正诞生了。

　　太阳的诞生带走了"盘"上大量的物质，但还有一些物质仍旧分布在这个被称作"原行星盘"的盘状结构上。这些物质在"盘"上并非均匀分布，分布相对比较密集的部分在旋转运动过程中，会在引力的作用下逐渐组合成尺寸较大的星子。随后，这些星子一方面会将其旋转轨道附近的物质吸附（天文学中将这种过程称作"吸积"），另一方面则会和与其运动方向相反的物质碰撞，从而将这些物质清出轨道。在这两种物理过程中，"盘"中逐渐形成若干星子所在的条带，而条带中逐渐形成在相应轨道公转的行星。这就是太阳系形成的"星云假说"。

●安第斯山脉的雪线。在雪线之上，温度低，水长期以冰的形式存在；而在雪线之下，水则以液态形式存在。太阳系根据与太阳距离的远近，也存在一条类似的"冻结线"。

但如果仅仅是这样的话，八大行星的结构就应该差不多了。为什么距离太阳较近的行星主要由岩石这类固体组成，而较远的行星主要由水冰和甲烷冰这样的冰类物质以及气体构成呢？在火星和木星之间仿佛存在一道同高山上经常出现的高原雪线一样的分割线——冻结线。冻结线的一侧是地表温度较高、表面无水，或存在液态水的岩石行星，而冻结线的另一侧则是表面温度极低，水和甲烷以冰的形式存在的气态巨行星。

同高原雪线一样，冻结线的出现与温度和压力息息相关。物质通常会以气态、固态和液态三种物态中的一种存在，并会随着温度和压力的变化在这些物态间相互转化。在我国北方，波光粼粼的湖面会随着冬季的到来成为人们滑冰的好场所，而加湿器中的液态水也会随着蒸发过程转化为以气体形式存在的水蒸气。在高原雪线之上，气温低于水的冰点，水会以固态冰的形式存在；而在高原雪线之下，温度升高，冰雪消融后转化为液态水，汇入江河。

同样的物态变化也发生在宇宙中。构成原行星盘的物质不仅包括岩石与尘埃，也包括以冰的形式存在的水、甲烷和其他气体。在早期太阳系由内向外的宇宙空间中，温度呈现由高至低的空间分布。离中心越远的地方，温度越低。在这种情况下，物质开始出现相变。距离太阳较近的位置，温度较高，水冰、甲烷冰无法凝结形成，无法形成由它们所组成的星子；而金属、岩石物质可以凝聚出来，参与到星子和后续行星的形成。在火星和木星之间的某处，宇宙空间的温度低至让水和甲烷可以以固态冰的形式而存在。这些冰就连同岩石、金属一起参与这些行星的固态星子形成的过程。这使得这些富含冰的星子的质量远大于岩石行星的质量，它们对轨道附近物质的吸积能力也更强。更多的气体被吸附到它们身上，从而形成气态巨行星。

所以，在太阳和太阳系的形成过程中，原行星盘从内到外温度由高至低分布，不同物质在温度的影响下会以不同的状态存在，那些仅能以固态形式存在的物质参与了星子的形成。水和甲烷的冰点划分了冰能够存在于星子形成的界限——冻结线。在冻结线内，只有水星、金星、地球、火星这样的岩石行星；而在冻结线外的土星、木星、天王星和海王星，大量的冰使固态星子质量更大，吸附了更多轨道附近的气体，使它们逐渐演化为气态巨行星。

太阳系中的类地行星

下面我们来了解地球亿万年来的家园——太阳系的结构。

位于太阳系最中心的星球就是太阳系中质量最大、体积最大的太阳。太阳的质量占太阳系中所有天体总质量的 99% 以上。不仅如此，太阳的体积也堪称这个大家庭中的巨无霸，它的半径几乎是地球半径的 110 倍。假设把无数个像地球一样大小的玻璃球塞进太阳，可以塞超过一百万个玻璃球。这样一个有着巨大质量的天体，会产生极强的引力场，将太阳系中其他的天体牢牢地束缚在它的引力之下。与此同时，太阳主要由氢和氦组成，它的内部在不断发生核聚变，由此产生的热量源源不断地向外辐射，为冰冷的宇宙一角提供了温度。

太阳系包括太阳、水星、金星、地球、火星、小行星带、木星、土星、天王星、海王星、柯伊伯带和更远的奥尔特云。因为水星、金星、地球和火星的主要成分都是岩石，有着坚硬的表面，所以被统称为"类地行星"。

从距离上来看，离太阳最近的行星是水星。它与太阳的距离大约是地球与太阳距离的三分之一（近日点）到二分之一（远日点）。从体积上来看，它是太阳系八大行星中最小的一颗，大约是地球体积的十八分之一，质量不到地球的百分之六。

水星的轨道距离太阳很近，从地球上看，它似乎总是与太阳同升同落。由于太阳在白天实在太亮，所以我们用肉眼观察水星时，只有在早晨太阳刚刚升起，或傍晚太阳即将落到地平线之下时，才能在太阳附近看到它。水星的表面是由岩石构成的，目前在水星上并没有发现液态水。

由于水星距离太阳太近，所以它朝向太阳那一面的地表温度可以达到 430 摄氏度，但背向太阳的一面却低至零下 180 摄氏度。由于自转的原因，水星表面总会被阳光轮换灼烧。高温下，液态水根本无法在水星表面存在。不仅如此，水星还是太阳系中唯一一颗没有大气层的行星。由于缺少大气的保护，陨石下落也就不会受到任何阻碍。这些撞击使得水星表面就像月球一样，布满了大大小小的环形山。

●水星表面布满了陨石撞击所形成的环形山。

在水星的北极，那深深的陨石坑底终日不见阳光，科学家们认为那里极有可能存在着固态水——冰。

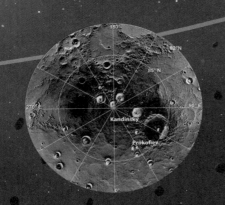

●水星的北极。黄色的部分为科学家们利用雷达回波探测到的疑似冰的位置。这些位置与陨石坑内无法被太阳照射到的部位非常一致。

与水星相邻的是被人们称为"地球的孪生姐妹"的金星。

金星与地球无论在体积、质量，还是构成成分上都非常相似。作为地球的邻居，金星与太阳的距离大约是地球与太阳距离的三分之二。尽管金星比水星距离太阳远，但金星地表的平均温度却是八大行星中最高的，平均温度达到了 475 摄氏度。在这个温度下，水很难以液态形式存在。金星表面覆盖着厚厚的大气，但与地球大气中富含氮气与氧气不同，金星上大气的主要成分是二氧化碳。不只如此，科学家们发现在金星大气中也能看到云层，但构成这些云层的成分以硫酸为主。虽然我们在夜空中可以很容易看到这颗被古人称作"启明星"的行星，但在硫酸云的遮挡下，我们无法利用望远镜直接观测到金星的地表。

由于金星大气温度高、气压强，再加上硫酸雨的影响，迄今为止，国际上只有四台来自苏联的太空飞船成功着陆并拍摄到了金星的表面。

●不同于水星，从地球观察金星会发现，金星表面覆盖着厚厚的大气和云层。由于可见光无法穿透这些云层，我们也就无法直接观测到金星的地貌。

●苏联的金星 14 号探测器在穿过金星大气着陆后拍摄到的金星表面照片。这台探测器在金星表面恶劣的环境中仅"存活"了两个小时就宣布失灵，但在这两个小时里它仍获得了金星表面的大量宝贵数据。

挨着金星的就是地球了。地球同水星和金星相似，其表面由岩石构成。在地球岩石表面上方，是我们赖以生存的大气。大气中富含动物呼吸所需要的氧气、植物光合作用所依托的二氧化碳、参与动植物生态循环的氮气。不仅如此，地球与太阳的距离再加上大气对太阳能量的吸收与缓慢释放，使得地球表面的温度可以保证液态水的存在，恰好适合我们人类生存。当今，天文学家的一个重要研究方向就是在太空中寻找类似地球和太阳这样组成关系的类地行星系统。

● 地球

挨着地球的下一颗行星是火星。

这颗红色星球的体积约是地球的八分之一，质量是地球的九分之一左右，公转轨道的平均半径大约是地球公转轨道半径的 1.5 倍。火星上存在着大气，大气的主要成分是二氧化碳。但与金星那厚厚的大气相比，火星的大气不仅稀薄而且寒冷。火星表面的平均温度仅为零下 55 摄氏度左右。虽然温度很低，但科学家们对这颗距离地球近且没有金星那样极端环境的星球充满兴趣。一个主要原因就在于火星表面有疑似大量水体存在的地形遗迹。科学家们怀疑在数十亿年以前，火星的表面存在着大量的液态水，这些液态水因为某些尚未确定的原因从火星表面消失。但在火星土壤下面可能隐藏着大量的水冰，这极有可能为将来人类探索火星提供足够的水源。随着中国"天问一号"携带着"祝融号"火星车成功抵达火星，对于中国科学家而言，不仅探索火星成为可能，而且有机会实现前所未有的科学发现和突破。

● （左图）火星和火星表面最显著的特征"水手峡谷"，在火星赤道附近从西侧一直延伸到东侧的大裂谷。"水手峡谷"周围有丰富且复杂的河道系统。（右图）火星表面山坡上疑似有水流冲刷形成的痕迹（延伸向下的黑色线条）。

《《 知识小卡片

类地行星 类地行星最主要的特点为地壳和地球一样都是由岩石构成的。它们的中心有一个由铁或者铁镍合金组成的金属核心。核心外面包围着由硅酸盐组成的地幔。它们跟不以岩石或其他固体为主要成分的类木行星不同。

水星为什么没有大气

●20世纪90年代末期，天文学家利用威尔逊山天文台1.5米望远镜观测到的水星，图上的编号是观测者看到的水星表面特征。由于水星体积小、距离地球遥远，长久以来，天文学家在地球上即使利用望远镜观测它，依然很难看清水星的表面特征。

我们知道，水星是太阳系八大行星中距离太阳最近、体积最小的行星。由于水星只有在清晨和傍晚两个时间段才能被我们看到，所以古人把这颗大小和月球相近的行星叫作"辰星"。从地球上看去，水星离太阳的角距离很近，所以只有在太阳光线相对较弱的晨昏时分才能看见。20世纪60年代以前，人们对水星及其表面特征的了解非常有限。

20世纪60年代，科学家开始利用搭载着科学仪器的太空飞船，对太阳系内的行星展开探索。其中，美国国家航天局（NASA）发射的水手10号，就是第一颗用于探测水星的太空飞船。水手10号对水星表面进行了近距离的拍摄。可惜的是，由于水手10号绕太阳公转的周期刚好是水星公转周期的两倍同时是水星自转周期的三倍，所以水手10号所观测的都是水星的同一面。这就导致其传回地球的图像在拼接之后，仅能覆盖水星表面的一半多一点。尽管如此，这些图像仍能让科学家对水星有进一步的了解和认识。科学家们发现水星表面并没有像地球、金星那样的云层活动，而是与月球极为相似，布满了密密麻麻的环形山，这是怎么回事呢？

　　在太阳系中还存在着各种各样的小天体，这些小天体在飞行过程中，飞行轨道可能会与行星的公转轨道交错，在行星引力的拉扯下，向行星坠落，引发撞击。我们看到的月球上的撞击坑、环形山，就是在这样的撞击下形成的。

　　但是，为何我们在地球上没有看到遍地的陨石坑呢？

　　一个主要原因就是地球表面存在大气。陨石刚刚接触到大气外层时，大气便开始与其相互摩擦。越接近地面，空气密度越大，空气所带来的摩擦力也越大，这致使陨石温度急剧增加。在高温下，大部分陨石会被燃烧或分裂成更小的碎块，在落地之前就已经气化，消失在大气层中。只有尺寸非常大的陨石才有可能穿过大气层，留有足够的质量，对地面造成撞击。在地球上，这样的例子并不常见。但是，如果大气极为稀薄甚至没有，即使很小的陨石都可能对天体的表面造成损害，月球就是一个典型的例子。因此，当科学家发现水星表面布满撞击坑的时候，就断定水星表面的大气可能极为稀薄，甚至不存在。美国国家航天局后续发射的"信使号"太空飞船所采集的数据也证实了这一猜测。

　　另外一个主要原因就是因为地球有地壳活动，所以到目前为止，人们确认了100多个陨石坑。

要明白水星表面为什么没有大气，我们先来看看地球表面为什么有大气。在地球形成的过程中，地球的前身——星子（直径可达几百千米的较大的岩石）不断在引力的作用下，拉拢周围空间的物质。这些物质相互碰撞，密度大的尘埃、岩石会在引力的作用下逐渐向中心靠拢，密度小的气体则包裹在星子之外。随着原始地球越滚越大，在它的运行轨道上，越来越多的气体会被地球的引力吸附在其周围，直到地球形成。尽管在亿万年间，地球大气的成分发生了巨大的变化，但地球并没有因此而失去大气层，主要原因就是地球的质量足够大，引力足够强。

但气体的体积会随着温度发生巨大的变化。如果大气的温度持续攀升，大气就会变厚，外层的大气就会离地球中心越来越远。引力和距离有着平方反比的关系，距离变为原来的两倍，引力就变为原来的四分之一，这样地球对于外层大气分子的束缚也会变小。这些气体分子会散逸到宇宙空间，最终离地球而去。由于地球与太阳的距离决定了地球大气的温度，这个温度又保证了地球大气散逸的程度与地球地质活动所生成的大气在数量上相近。所以，合适的温度或者说合适的地日间距，是地球上的大气层持续存在的一个重要因素。

地球还有一个保护大气层的秘密武器，就是地球自身所具有的磁场——地磁场。

对于地磁场的来源，通常认为它是由于地核外层液态铁的定向流动所产生的。地磁场作为地球的"盾"，有效抵御着来自太阳的太阳风，对整个地球上的生命圈起着至关重要的保护作用。

来自太阳的辐射不只是光辐射和热辐射，还有大量的超音速带电粒子流。这些带电粒子流包含着像电子、质子、阿尔法粒子等构成物质的基本粒子，也包含较重的物质，如碳、氮、氧、硅、铁的原子核等。在既带电又有质量且高速飞行的粒子的撞击下，任何横亘在粒子飞行轨迹上的物质都会被它影响。像太气分子中本身密度低，质量相对较轻的粒子，在遇到太阳风时，如果没有任何保护，就会被太阳风撕扯。但由于构成太阳风的是带电粒子，而运动的带电粒子就会产生磁场。所以，地球的磁场会影响到这些带电粒子的运动方式，使其偏离撞向地球的轨道，进而保护包裹在地球表面的大气层。

反观水星，我们就能推测其表面为什么不存在大气了。

首先，水星的质量约是地球的5.5%，这使得水星的引力场对同样距离外的物质的吸引力要远小于地球，因此，很难捕获弥散在它轨道附近的气体分子。其次，水星表面的磁场强度约为地球的1%，而它与太阳的距离是地日距离的三分之一。太阳对它的辐射，无论是热辐射还是太阳风，相较于地球都更加剧烈。磁场在强烈的太阳风影响下无法保护吸附的大气分子，水星在太阳风中捕获的那些气体，仅能在水星表面附着极短的一段时间，很快便会被太阳风再次吹走。最终，水星就成为太阳系中唯一一个几乎没有大气的行星。

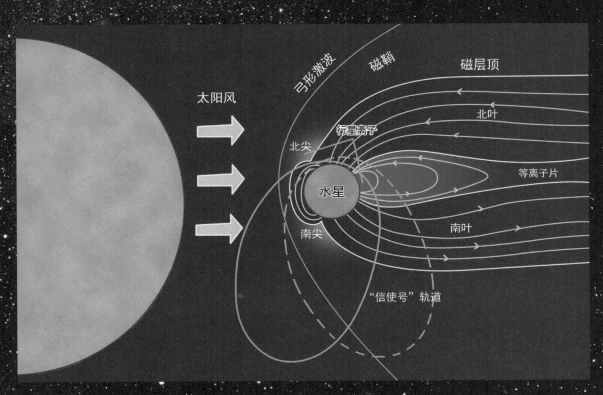

● 太阳风作用下的水星磁场以及"信使号"（黄色实线和虚线）的探测轨道。在太阳风的影响下，水星靠近太阳一侧的磁场被严重压缩。

八大行星谁最热

  在太阳系的八大行星中，金星是距离太阳第二近的行星。中国的古人称其为太白、启明、长庚，在《诗经·小雅·大东》中说："东有启明，西有长庚"，意思就是金星早晨见于东方，称为启明星；傍晚见于西方，称为长庚星。无论是启明星还是长庚星，指的都是金星。在我国神话故事里，道教神仙太白金星即是对金星的神化。在西方神话中，金星代表爱与美之神，在希腊神话中被称为阿佛罗狄忒，在罗马神话中被称为维纳斯。这颗天空中明亮的星，给人们带来无限遐想，科学家们对它更是充满了好奇。

  科学家们利用地面的望远镜观察金星时发现，它看上去并不像月球那样有着明显的地貌特征，整个星球仿佛被厚厚的云雾笼罩，让人无法看清其表面的样子。根据其他观测结果，天文学家推算出金星的体积、质量及密度都与地球相近，所以，人们称金星为地球的"姊妹星"。这颗"姊妹星"厚重的大气下面是否也有和地球一样的海洋山峦？会有什么样的自然环境？是否也会有生命存在呢？这一系列的问题都促使天文学家想要揭开金星的迷雾，看清金星的真容。

  想要透过金星厚重的大气探测到其表面，目前有两种方法。一种是利用雷达遥感测量技术，连续不断地向金星各个位置发射无线电波，再根据无线电波返回的延迟时间，计算出所探测方向上金星各点的地表高度（这有点类似于海豚和蝙蝠探测障碍物的过程，但区别在于动物是利用声波探测，而雷达是利用电磁波探测）。通过这种方法，还可以进一步根据返回的无线电波的其他特性，推演出地表是否有植被，地面是岩石、沙漠，还是液体湖泊。这门技术直到 20 世纪 90 年代才日臻完善。

另一种方法更直接，即将携带探测器的航天器直接射向金星，当航天器到达金星轨道时，再释放探测器，令其降落在金星表面，继而对金星地表进行探测。

这两种方法各有优缺点。雷达遥感测量技术利用的是波长比较长的电磁波，类似于潜艇的声呐，可以测量较远距离、较大范围内地形的起伏，利用回波的一些特性，科学家也可以较为粗略地推测出这些范围内尘埃、土壤的厚度等。但若想看到天体地面上的清晰图像，了解天体表面物体的性质，就需要抵近观察，甚至利用探测器上的机械手采集样本，并进行分析。可是这样一来，就对探测器提出了极高的要求，它们不仅要能够安全地到达星球表面，其附带的相机、仪器、机械装置也都要能够在星球表面严酷的环境中稳定工作。所以，科学家们通常会根据本国自身的技术能力、经济条件、科学需求，选取适当的方法对金星进行科学研究。

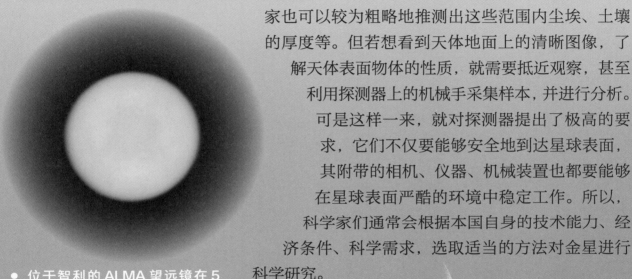

● 位于智利的 ALMA 望远镜在 5
毫米次波段观测到的金星的伪色图

人类利用航天器对太空的探测始于 20 世纪 60 年代。

当时，美国和苏联分别选择距离地球次近（尽管金星公转的轨道在水星和地球的公转轨道之间，但由于公转速度不同，大部分时间距离地球最近的反而是水星，然后是金星和火星）的两颗行星——火星和金星进行了探测。

● 科学家们将雷达安装在环绕金星飞行的麦哲伦航天器上，不断地扫描金星地表的高低起伏。这张图就是利用长达 10 年的数据拼接而成的金星的地表图。不同颜色代表不同的地表高度，蓝色代表低处，红色、浅色代表高处。

苏联于 1961 年 2 月发射了金星 1 号，同时也开启了人类探索八大行星的序幕。遗憾的是，金星 1 号在飞行途中失去了联系，该任务以失败而告终。几年后的金星 2 号也重蹈覆辙，在距金星 2.4 万千米处因通信系统损毁而无法向地球传输数据。之后，金星 3 号到金星 6 号虽然在飞行途中很成功，但其携带的着陆器却没能成功登陆金星，也没有传回金星的任何科学数据。直到 1970 年，金星 7 号才第一次成功着陆，并传回了科学数据。由于金星恶劣环境的影响，金星 7 号仅传递了一秒钟的全强度信号，在它长达 23 分钟的降落过程中，又以微弱的信号继续发送信息。虽然对金星的探索之路异常艰辛，但人们逐渐揭开了金星的神秘面纱。金星 7 号返回的数据显示：金星的地表温度高达 475 摄氏度，比距离太阳最近的行星——水星的地表温度还要高，是太阳系八大行星中地表温度最高的行星。

到底是什么原因造成了金星地表温度如此之高呢？

科学家又向金星发射了多枚探测器，展开了更为细致的观测。观测结果显示，金星的大气非常浓厚，密度大约为地球大气的 100 倍。不仅如此，与地球大气主要成分是氮气和氧气不同，金星大气中 96% 以上都是二氧化碳。这就是造成金星地表高温的主要原因。

● 厚重的大气将金星的地表包裹得严严实实。

我们知道，水蒸气、二氧化碳和甲烷这三种气体是宇宙中天然的"温室气体"。当太阳照射一颗没有大气层的星球时，被照射的地表会升温，而没有被照射到的地表，则会因为自身向外辐射热量而迅速失去温度。在距离太阳最近且缺少大气的水星上，就出现了这样的情况：它朝向太阳的一面会被太阳加热到约 430 摄氏度，而背向太阳一面的温度则会降至零下 180 摄氏度左右。

但是，如果这颗行星存在大气，情况就更加复杂了。我们人眼可见的太阳光属于短波辐射，这种辐射可以透过大气射向地面，地面吸收阳光后，温度升高，会释放出红外长波辐射。这种红外辐射会被二氧化碳等"温室气体"吸收，造成大气层内温度升高。由于金星大气中二氧化碳浓度非常高，吸收的红外辐射更多，所以成为八大行星中最热的行星。

同理，地球上也有温室效应，只不过地球大气中二氧化碳含量较少，"保温"效果适中，因此地球才适宜我们人类居住。不过，近年来人类向大气中排入的二氧化碳等"温室气体"逐年增多，大气的温室效应也随之增强，已引起全世界的关注。

《 知识小卡片

温室效应 太阳光发出的短波辐射可以透过大气到达地面，地表受热后向外释放的长波辐射却被大气吸收，这样就使地表与低层大气温度升高。这一作用类似于栽培农作物的温室，所以称为温室效应。

谁发现了海王星

200多年前，人们是如何发现那些未知的行星的呢？

古人依靠持续不断的观察和比较，寻找太空中那些会移动的小亮点，找到了太阳系的绝大部分行星，尤其是那些非常明亮的、用眼睛能看到的水星、金星、火星、木星、土星等，从而了解它们的运动轨迹。

当一颗行星离太阳非常遥远，运动幅度也特别微小时，望远镜就成了人类得力的观星助手。

1781年，威廉·赫歇尔在搜寻双星时，意外地发现了天王星，这是人类用望远镜发现的第一颗行星。其实，天王星以人的肉眼就可以看见，但它的亮度比较暗淡，运转比较缓慢，此前从未被认作为行星。

● 天王星

借助望远镜一次能看到的范围非常有限，在整个天空搜寻，效率太低。即使观察者看到了一颗新的行星，也无法判断以前是否见过它，无法连续性地进行观察和比较。所以，在天王星被发现后的几十年内，人类都没有再发现新的行星。

直到开普勒关于行星运动的三大定律和牛顿的万有引力定律诞生，科学家们才发现了更多的行星。

1821年，法国天文学家亚历克西·布瓦尔根据运动和引力定律计算了天王星的轨道表，可随后的观测却显示天王星与表中预测的位置有偏差。布瓦尔认为，可能有第八颗行星存在，导致了天王星轨道的摄动。

摄动是指两个天体在它们之间引力的作用下相互运动的同时，因受其他天体的吸引或其他因素的影响，在轨道上的运行轨迹产生的偏差。这些作用与这两个天体之间产生的引力相比是很小的。

由此可见，摄动很像一种干扰，但影响较小。

对于太阳系来说，行星绕着太阳转，在它轨道内侧的所有物质（主要是太阳）的引力，决定了它的轨道的运行情况。如果在它的轨道外面还有一颗行星也在用引力拉扯它，其运行轨迹就会受到干扰，从而产生看似没有规律的、微小的变化。

布瓦尔正是依据已有的物理理论，从天王星位置发生的偏差，推测出造成天王星摄动的那颗行星的存在。

但是，这颗未知的行星在什么位置呢？

基于牛顿的理论，虽然可以根据已知的行星轨迹去逆推造成它摄动的天体的存在，但是，要找到这颗新的行星却非常困难。因为天体在摄动作用下，坐标、速度和轨道参数都会发生变化，即使到今天，用精密的计算机进行计算，要想精确定位也颇为不易。

在足足计算了两年之后，1845 年，英国数学家约翰·亚当斯认为自己算出了第八行星的轨道，希望格林尼治天文台根据他计算的位置进行观测，但是，因为交流不畅等原因使得观测未能第一时间实现。直到 1846 年观测才开始，由于亚当斯计算的误差较大，格林尼治天文台搜寻了两个月也未能找到。

与此同时，法国数学家勒维耶于 1845 年和 1846 年间先后发表了三篇论文，确定了这颗新行星的轨道，并预言了它当时的位置。1846 年 9 月，柏林天文台将望远镜指向勒维耶所预言的天区，一个明亮的新天体出现了。第二天的观测证实它正在移动。观测者约翰·戈特弗里德·加勒激动地给勒维耶写信说：那颗行星真的在计算出的位置上！

那颗行星就是八大行星之一的海王星。

由于过于遥远，迄今只有美国国家航空航天局的旅行者 2 号探测器在 1989 年 8 月 25 日飞掠过海王星。

海王星被发现后，天文学家意识到，其实这颗行星早已进入了人们的视线。早在 1612 年，伽利略就已经首度观测并描绘出了海王星。此后，多位科学家也多次看到了它，但大家都认为这是一颗恒星，从而与真相失之交臂。

正如英国著名物理学家洛奇所赞叹的：除一支笔，一瓶墨水和一张纸以外，不用任何别的仪器就预言了一个极其遥远的、人们还不知道的星球……这是多么地令人惊讶和引人入胜！

● 海王星，唯一一颗利用物理定律和数学推算发现的行星。

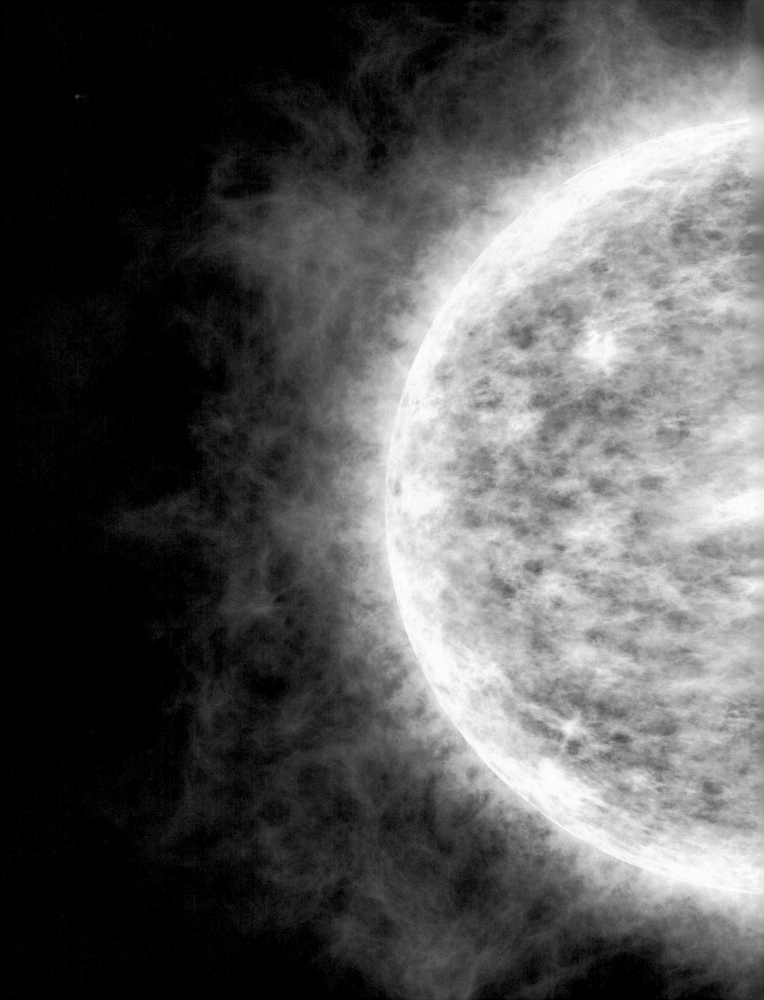

太阳和恒星

取之不尽、用之不竭的太阳能来自哪里，是否真的无穷无尽？我们如何能将这些干净、绿色的太阳能捕捉利用？科学家们是否可以根据物理规律，在地球上创造一个"迷你版太阳"为人类提供无尽的绿色能源？为何夜空中的其他恒星看上去会有着和太阳不同的颜色？在这一章中，让我们从现象到本质，一一找出这些问题的答案吧！

天外飞来的太阳能

● 金乌

　　冬天，我们都喜欢晒太阳，因为晒太阳能使我们感到暖和。夏天，我们又都躲着太阳，唯恐被太阳晒黑、晒爆皮，甚至晒晕。太阳携带着巨大的能量，是地球最重要的能量来源。那么太阳巨大的能量是怎么产生的？又是怎样到达地球的呢？

　　人类对太阳的认识，是随着科学技术的发展逐渐清晰的。

　　人类自古以来就崇拜太阳。古希腊神话中，太阳神赫利俄斯每日乘着由四匹火马拉着的日辇，在天空中驰骋，从东到西，晨出晚没，给世界带来了温暖与光明。

　　早在上古时期，人们就对"熊熊燃烧"的太阳很感兴趣。尽管那时人们还没有能量的概念，但对"伐薪烧炭""生火取热"都非常熟悉。由于太阳与火焰的颜色一样，且都能发出热量，所以那时的人们自然而然地认为太阳就是一团大火球。但若要产生能够温暖整个大地的热量，即使把地球上所有的木头都集中起来点燃也无济于事。受限于当时有限的物理知识，人们把太阳能量的来源归结为某种神话，例如，我国汉代伟大的天文学家张衡也只能将太阳的能量归结于一只神力无边、长着三条腿的金色乌鸦——金乌。

17 世纪，牛顿提出的万有引力定律对近代科学发展起到了至关重要的作用。根据万有引力定律，所有有质量的物体都会产生引力。天文学家们就想，既然太阳的引力可以吸引地球，那么来自太阳内部的引力也会对太阳的外壳产生向里拉扯的力量。这股来自太阳内部的拉力会使太阳的体积收缩变小。在体积变小的过程中，太阳内部的物质会承受更大的压力。随着压力越来越大，太阳内部的温度也会越来越高。这个过程类似于用打气筒打气，人们在给轮胎打气的过程中，打气筒内的压力会越来越大，多次往复之后，打气筒会变得越来越热。这两个过程中都是其他形式的能量转化为热能。

根据这个思路，物理学家计算得出，太阳每年只需要收缩一丁点儿，就能给地球提供足够多的热量。根据太阳的尺寸和收缩的速度，还可以得出，太阳的寿命大约是2500 万年。这个结论得到了当时物理学界的权威人士开尔文的强力支持，开尔文是19 世纪末英国著名的数学物理学家、工程师，热力学的主要奠基人，被后人尊称为"热力学之父"。

与此同时，达尔文在其《进化论》一书中给出了一个对地质结构演化的推算结果。根据他的推算，位于英国维尔德峡谷的地貌的形成大概需要 3.1 亿年的时间。开尔文看到达尔文的推算结果后大吃一惊，地球上一个峡谷的年龄都比太阳的寿命还久。他认为达尔文算错了，因此，当时引起了一场学术界的大争论。

但是，后来的地质学以及化石研究却支持了达尔文对于地球地貌年龄的推算。也就是说，太阳的年龄肯定上亿年了。引力收缩虽然也能为太阳提供能量，但它所能提供的能量不足以维持太阳上亿年的寿命，肯定还有另一种物理机制更高效地为太阳提供能源，这种物理机制到底是什么呢？

1903 年，居里夫人发现了放射性物质镭。镭是一种比较特殊的物质，它在不需要被额外加热的情况下，自己就能发热，而且在这个过程中自身的温度还不会下降。要知道，我们平时生活中遇到的发热物体，比如一杯热水，在向外发热时，自身的温度也会越来越低，也就是说，热能被辐射出去了。而对于镭，仿佛热能被凭空制造了出来！20 世纪，随着科学家们的深入研究，核辐射及更重要的核反应逐渐被人们认识。

根据爱因斯坦著名的质能方程，能量＝质量×光速^2，光速又如此之高，所以反应后缺失的质量即使很小，也仍然能够产生巨大的能量。无论是裂变还是聚变，释放出来的能量都是巨大的，这从核弹和氢弹的威力中也可以看出。1945年8月6日，美国在日本广岛投掷的原子弹，尽管原子弹含有64千克的铀，但是只有1.09千克的铀最终参与了核裂变反应，就炸毁了一整座城市。核聚变的能量更大，如果太阳里的许多物质都可以参加核聚变反应，那么足以为其提供百亿年的寿命。而在这百亿年间，它内部的氢原子可以不断地通过聚变反应转化成氦原子，甚至氦原子继续聚变产生碳原子，持续释放巨大的能量。

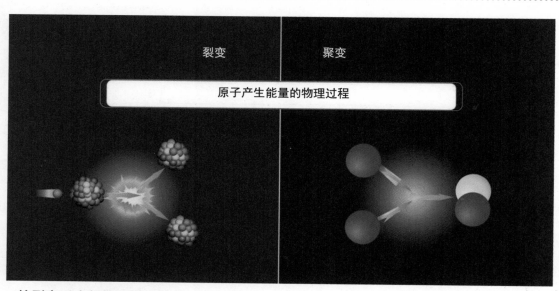

● **核裂变反应与核聚变反应**

核反应通常指原子核与原子核或原子核和其他各种粒子之间相互作用引起的物理反应。在这些反应中，我们可能听到最多的就是核弹对应的核裂变反应以及氢弹对应的核聚变反应。核裂变指一个重一些的原子核自发地，或者被一个高速运动的中子击中，分裂成两个轻一些的原子核，并释放出中子和能量的过程。核聚变指两个轻一些的原子在超高温高压的环境中碰撞在一起，形成一个重一些的原子核，同时释放能量的过程。在裂变和聚变的过程中，最终的粒子的总质量都要小于反应之前粒子的总质量，也就是说，存在质量的缺失。

可能有人会担心，如果整个太阳都参与核聚变，那不就相当于一颗超级大的炸弹，"嘭"的一下就炸没了吗？太阳之所以没发生这种恐怖情况，是因为引发核聚变的条件非常苛刻，由此限制了核聚变发生的位置和幅度。那么是什么引发了太阳的聚变反应呢？原来在高热的环境中，原子会像热锅上的蚂蚁一样到处乱跑，速度极快，跑着跑着就可能撞到另一个原子，产生聚变反应。造成太阳里面存在高热环境的原因就是前面提到的开尔文据理力争的引力。太阳巨大的质量会产生极为强大的向内的引力，进而会使太阳内部的核心区产生约1500万摄氏度的高温，诱发核心区发生核聚变反应，为太阳"源源不断"地补充能量。

这就是太阳能量来源的奥秘，也可以说是我们人类到现在为止对太阳能源的了解。如今科学家们又对太阳的能量来源做出了更深入、细致的解释，如果对此感兴趣，可以搜索汉斯·贝特教授的文章，他可是一位因为对太阳能量来源的研究而获得诺贝尔物理学奖的科学家呢。或许，未来的你也会像20世纪的那些物理学家们一样，再一次发现"新大陆"，帮助人类解开太阳能量的来源之谜，甚至能够为人类研制出长久不熄的"人造小太阳"。

太阳的能源是在太阳内核特别极端的环境条件下，通过原子核的反应释放出来的巨大能量。这些能量是如何从太阳的内部传出来，跨越了约1.5亿千米的距离来到地球，被人类所利用的呢？

《 **知识小卡片**

核反应 核裂变指一个原子核自发地，或者被一个高速运动的中子击中，分裂成两个轻一些的原子核，并释放出中子和能量的过程。核聚变指两个原子核在超高温高压的环境中碰撞在一起，聚合成一个重一些的原子，同时释放能量的过程。

捕捉那来自太阳的能量

我们都见过这样的实验——利用太阳能让纸燃烧，利用太阳能让水沸腾。对于用太阳能烧开一壶水这样稍显"麻烦"的事儿来说，需要满足两个条件：第一，需要一面"大"凹面镜，像用大盆接雨水一样接收足够多的来自太阳的光能；第二，需要利用凹面镜将平行光汇聚到一个焦点，将接收到的太阳光能射向位于焦点的水壶上，就可以提高水壶的温度，达到烧水的效果。

● 聚焦太阳能烧水

　　太阳的能量如此巨大，人们自然想将太阳的能量用于生产与生活。但一颗颗光子的能量非常有限，而且它们以光速飞行，转瞬即逝，要怎样才能把它们捕捉到、留存下来并为我们所用呢？

　　能量不能凭空产生，也不能凭空消失，它只能从一种形式转化成另一种形式，总量不变。这就是所谓的能量转化和守恒定律。用太阳能热水器烧水，就是将来自太阳的光能转化成了热能。我们骑自行车时，腿转动的机械能通过踏板和链条传递到车轱辘上，转化为自行车的机械能，也是能量转化与守恒定律的体现。在太阳形成的初期，核心区不断升高的温度是引力势能转化为热能的结果。

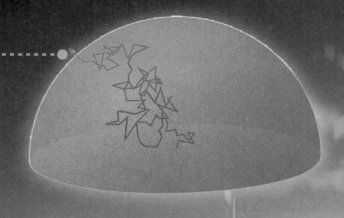

●一个光子从太阳核心区飞出太阳极高温区域
（温度大于 200 万摄氏度）的示意图

光波或电磁波的传播速度是光速。光速在真空中恒定不变。

小贴士

当核心区温度达到约 1500 万摄氏度时，核反应开始稳定发生。核反应产生的巨大能量从太阳的核心区逐步向外部传输，再通过不同的方式从太阳的表面传递到太阳周围的空间。

太阳的半径接近 70 万千米，在其核心区及靠近核心区的位置温度极高，能产生像子弹一样飞射的携带着光能的光子。这些地方还挤满了很多被高温加热而四处乱蹦的电子，阻挡着光子向外前进，所以这些光子在旅途中四处碰壁，经历了无数次的碰撞后，才能走出极高温的区域，同时将核心区产生的能量输送至太阳表面和周围。

再往外走，温度逐渐下降，能量传输的主要方式不再是通过光子，而是对流。像我们所熟悉的地球大气层里的热空气上升、冷空气下降的现象一样，在太阳内较往外的区域，更热的气体向半径更大的地方上升并输送能量，而相对较冷的气体则向下运动。当然，在太阳内部，这些区域的温度比地球上常见的温度高得多。最终，核心区产生的能量到达了太阳表面，其中绝大部分通过光子传送到太阳周围的各个方向，还有一部分光子飞离太阳，飞向了地球。根据估算，太阳光子需要大约几千年甚至几十万年从太阳内部逃脱出来，然而只要八分钟左右就可以传到地球上。

这些带有光能的光子在接触到大气以后，一部分能量会被大气分子吸收，转化成热能，和从地面反射到大气又被吸收的光一起，保证了我们地球大气的温度适合生物繁衍生息；另一部分能量仍旧以光的形式抛洒在地面、海洋和在它们之上的物体的表面。地面和海洋同样会像大气那样吸收光能并将其转化成热能，提升自身的温度。而且海洋中的海水甚至会因此变为水蒸气，进而化成云，在天空中飘浮。我们的皮肤也会吸收这些光线中的光能，令我们感受到来自太阳的温暖。我们在夏天穿不同颜色的 T 恤时肯定有过这样的感受：T 恤的颜色越深，在太阳底下身体感觉会越热。尤其是穿黑色 T 恤时，虽然看上去很酷，但那股子热劲儿也是一言难尽。这是因为不透明的物体能吸收一些颜色的光，同时反射另一些颜色的光，而物体自身的颜色是由它能反射的光决定的。颜色之所以黑，是因为吸收了各种颜色的光。颜色之所以白，是因为反射了各种颜色的光。那为什么还有其他颜色呢？这就需要大家思考了。

太阳照射在物体表面的能量通常很难保存。如果能将太阳的能量存储到蓄电池里，想用的时候连上电池再使用就方便多了。于是科学家们开始尝试各种可能将太阳能保存下来并转化成电能的方法。

目前，科学家找到了一种被称作"光伏效应"的材料。我们知道，电线里面之所以有电流，是因为电子在电线中发生了像河流一样的定向移动。水流是由于水有从高处向低处流动的趋势而产生的；而电流则是电子有沿着导线从负极（低电压）到正极（高电压）运动的趋势而产生的。也就是说，只要能够产生这种电压差，我们接上导线就能产生电流，带动灯泡、蓄电池等这些用电设备。但通常情况下，由于材料里面原子核对电子施加的力的作用，电子只会围绕原子核转圈。一旦高能光子被电子吸收，电子的能量大了，就有可能挣脱原子核的吸引，变成自由移动的电子，具备了产生电流的可能性。如果采用的是某些掺有不同特殊杂质的材料，当光照射这些材料时，就会由于材料的不同，产生不一样的带电粒子，也就产生了电压差。这时如果再接上导线或者蓄电池，就可以将能量保存起来，

● 太阳能电池板

为我们所用。但高能光子被电子吸收的几率并不大，光能转化成为电能的效率非常低。人们花了很长时间，进行了各种实验，终于研制出了一片片黑黑的太阳能电池板。但即使如此，现在每块太阳能电池板的转化效率仍旧很有限，转化的电能也并不多。所以，通常太阳能电池板铺设的面积都比较大，这样能够存储的太阳能的总量还是可观的。这些太阳能电池板还可以再连接到蓄电池上，蓄电池又可以接到其他设备上，带动设备运转，实现能量的进一步转移与转化。

最重要的是，被电池板保存下来的太阳能是非常清洁的能源，不会像燃烧煤或石油等那样产生污染。

但是，尽管太阳能电池板在我们使用时非常环保，但由于它在制造过程中要使用到氨水，会产生废气，所以还是会产生比较严重的污染问题。废弃太阳能电池板的回收目前也多半采用挖坑掩埋的方式，并不环保。除了改进制造和回收工艺外，是否还有更加科学、高效、环保的绿色能源获取方式呢？我们人类有没有可能也制造出干净的"小太阳"，为我们提供"无尽"的清洁能源呢？

> ### 知识小卡片
>
> **太阳能** 太阳的热辐射能。现在一般用作发电或者为热水器提供能源。

人造小太阳

●托卡马克装置。（ITER
国际热核聚变实验堆效果
图）

"我有一个美丽的愿望，长大以后能播种太阳。播种一颗，一颗就够了，会结出许多的许多的太阳。"

儿歌《种太阳》表达了少年儿童想要使世界变得更加温暖、明亮的美好愿望。和地球上常见的能量产生方式相比，太阳核心区的核聚变反应产生能量的效率高得多，而且产生物对环境没有污染。因此，科学家们设想，如果能够模拟太阳内部发生的核聚变反应，造出人工可控的能源站，不就能够得到巨量的清洁能源了吗？

不同的化学反应、核反应生成能量的多少差别会非常大。对于同样质量的原料，核聚变反应产生的能量约是燃烧煤炭、燃油这些化学反应所产生能量的四百万倍，是核裂变的四倍。如果我们可以用某种方法产生核聚变，同时还能够控制这种核聚变反应的剧烈程度，免得它把周围一切都炸得灰飞烟灭，那我们就有可能将聚变产生的巨大能量转化为其他形式的能量，比如热能、电能，供人们使用，而且还不会产生类似日本福岛核电站那样的核污染。科学家们给这种可控核聚变的工程项目起了一个特别贴切的名字——"人造小太阳"，希望它们有朝一日也能像太阳一样为人类带来绿色能量。

太阳发生核聚变的条件是太阳内部需要达到足够高的温度（同时有极高的压力和物质密度）。对于"人造小太阳"，同样需要在其内部制造出这样高温、高密度的环境，让里面的氢发生聚变反应，再借由围绕反应中心流动的水、蒸汽将热量带走，进而发电。但创造出高温、高压的环境首先需要耗费能量，也就是说，我们需要先耗费能量才能造出"人造小太阳"，这样它才能够产生能量。如果产生的能量多于耗费的能量，多出来的能量就可以被收集起来加以利用；如果产生的能量少于耗费的能量，就浪费了能源，没有实际的应用价值。

到目前为止，国际上的中小型可控核聚变设施中还没有一个能够真正实现输出能量大于输入能量。这听起来让人有些沮丧，但失败是成功之母，这些项目为人类迄今为止野心勃勃的计划之一——国际热核聚变实验堆计划，也称 ITER 计划，奠定了极为重要的理论和技术基础。

ITER 计划是由包括中国在内的 7 个国家共同出资建设，35 个国家参与的迄今为止国际上最大的可控核聚变工程。它的目标是在 2035 年左右实现输入 50 兆瓦（1 兆 =100 万）热能的条件下，生成 500 兆瓦热能，也就是 10 倍于输入的绿色能量，真正像"小太阳"一样产生巨大能量。由我国科学家自己主导的中国聚变工程实验堆项目（CFETR）也在积极建设当中，同样有望在 2035 年开始正式全面运行。在 2035 年，我们将有机会见证"人造小太阳"的诞生，人类可以利用核聚变极为高效地产生清洁能源，这真令人兴奋！

太阳是怎样形成的

● 壮观的猎户座星云，是一个巨大分子云的一部分。

我们了解了太阳的能量来自其自身巨大质量所导致的核心区核聚变反应。但是，在广袤无垠的太空中，构成太阳的物质由何而来，太阳又是如何产生的呢？

除了太阳和其他恒星、行星等物质集中的天体，太空中充满了平均密度极低、主要以氢和氦元素构成的物质。这些物质被称为星际介质，包含了气体和尘埃。这些物质在宇宙中的分布并不是均匀的，有的地方温度高、物质密度小，有的地方温度低、物质密度大。其中在温度最低、密度最大的区域中，物质主要是以分子的形式成团存在的，被称为分子云。太阳和其他的恒星，都诞生于分子云中。

和地球上的云团一样，分子云也是有厚有薄的。有的地方聚集的气体多，浓度高，相应的那一处气体的质量就大；而有的地方气体相对稀薄，质量就相对较小。对于局部质量越大的地方，由于引力的作用，它对周围气体的吸引能力也越强。吸引周围气体导致质量增加及引力增大，又会进一步吸引周围更多的气体加入这一云团。因此，这团气体就像一个棉花糖一样越滚越大。同时，整团气体又会由于质量所带来的由内而外的引力不断地向内收缩。

● 分子云团在收缩的过程中尺寸变小，旋转变快，形成一个旋转的盘。在物质掉入的过程中，一部分物质会沿着两极方向流出，形成喷流。

当这团质量足够大的分子云在巨大的引力作用下，不断地向内挤压、收缩时，它的温度也会急剧上升。同时，就像花样滑冰运动员在旋转时收回手臂让自己旋转得更快一样，这团物质在收缩时由于尺寸变小，旋转也会变快，会形成一个旋转的盘。在这一过程中，旋转盘的中心可能在磁场的作用下喷射出长度可达数光年的喷流。最终，当核心区的温度达到上千万摄氏度时，核聚变就发生了，能产生大量的能量，令气体向外膨胀。巨大的能量吹散了外围的物质。当核心气体热运动导致的向外的力与引力引发的向内的力达到平衡时，核心区核聚变稳定高效地发生，一颗新的恒星便诞生了。

在一颗恒星的生命中，核聚变在其内部不断地将氢、氦聚变成更为复杂的元素。科学家发现，不同质量的恒星内部所发生的核聚变过程及程度是不同的，产生的元素也会有所不同。对于太阳及类似太阳质量的小质量恒星，核聚变能将氢聚变成氦，进一步聚变成碳及少量的氧，不会产生特别重的元素。对于约太阳质量的 10 倍的大质量恒星内部由聚变所产生的元素种类是非常多的，包含氦、碳、氧、氖、硅、铁。当这些大质量恒星的生命走到终结的那一刻，其自身引力作用下的坍缩会使整颗恒星爆发，将恒星核心区所生成的各种元素伴随着巨大的能量抛射到宇宙中。这是宇宙中最耀眼的一刻，将产生超新星。在超新星爆发产生的巨大能量的影响下，重元素会进一步合成比铁更重、结构更复杂的元素，如镍、铜、锌、银、金等。

在宇宙诞生初期，宇宙中的元素仅有氢、氦和极少量的锂。随着一代代恒星的死亡，它们所产生的新元素被释放到宇宙空间，成为下一代恒星产生的摇篮。就像生命的循环一样，新一代恒星在包含了更多重元素的星际云团中诞生。在距今 46 亿年前，太阳也像它的恒星一样诞生于宇宙中的一团富含尘埃的气体云团。与宇宙诞生之初不同的是，这些气体云团中不仅包含大量的氢和氦，同时还有着更多的更重、更复杂的元素。这些元素不仅造就了我们多彩的太阳系，而且为地球带来了多种多样的生命。

总结来说，在宇宙诞生之初，只有氢、氦和极少量的锂元素，它们组成的气体的分布是不均匀的。在引力作用下，局部温度低、密度大的气体云团开始不断吸引周围气体，并在自身引力作用下收缩、挤压、发热。当其核心温度上升到可以发生核聚变时，第一代恒星便形成了。在恒星核心区内发生的聚变反应可能会生成比铁轻的元素（包括铁）。大质量恒星会在其生命终结时变成超新星，爆发出巨大的能量，进而合成更重、更复杂的元素。一部分弥散在宇宙中的重元素，就成为生成太阳和太阳系的原料。太阳也就像它的祖祖辈辈一样，在裹挟着这些重元素的氢、氦的"气体云"中诞生了。

超新星爆发是宇宙中最剧烈、最耀眼的天文事件。仅仅一颗超新星爆发时的亮度就有可能比它所在的整个星系的亮度还要高。

稳定的太阳

　　太阳每天东升西落，看上去总是那么大、那么亮，让我们的地球能在一定范围内保持稳定的温度，适宜人类的生存。为什么太阳会一直保持同样的大小？此外，我们知道，太阳核心的密度很高，其内部一直发生着核聚变反应，产生巨大的能量。那么，为什么核聚变反应产生的巨大能量没有让太阳发生爆炸，而是长期保持稳定的状态，并且一直是我们所看到的那么大、那么亮呢？

　　要理解这个问题，我们先来看两个例子。

　　在叠人塔游戏中，最下面的人承受的向下的压力一定是最大的，因为他需要对抗上面所有人的体重总和，为他们提供支撑。同时，最下面的人提供的向上的起支撑作用的力也是最大的。对每个人而言，他上面的人施加给他的力来自上面的人的重量，和他所提供的向上的支撑力是相等的，这样才能让所有人组成的塔保持平衡和稳定。

叠人塔游戏

　　一摞叠放着的枕头，因为枕头有重量，较上层的枕头受到来自其上方枕头的压力小，比较蓬松。越往下，枕头受到的压力越大，被挤压得越厉害。在这样的状态下，这一摞枕头保持了平衡。太阳内部的等离子体，就类似于叠放的枕头及枕头里面的羽毛。太阳内部距离核心区不同远近的一层层气体对应不同高度的枕头。位于太阳内部的越接近核心位置的气体，就好像在最下面被压着的枕头一样，越是接近太阳表面的气体就越类似于最上面的枕头。气体有重量，所以越接近太阳核心区，气体就会被上层越多的气体压缩。因此，越接近核心区，气体的密度就越大。

叠放枕头

太阳内部的情况和这两个例子类似。太阳能保持稳定，是因为它的每一部分都达到了一种力学平衡的状态。也就是说，对于太阳内部的每一个位置的气体，它所受到的向下向内的力——来自上层的气体，和向外的力——来自这个位置的气体本身提供的压力，是相等的。气体本身产生的压力是由气体的热运动提供的。越往太阳的核心区走，那里的气体密度就越大，温度也越高，热运动产生的压力也越大，越能够对抗外层更多的气体的向内的力。

太阳要达到稳定的状态，除保持一种力学平衡之外，还保持了一种能量的平衡。这个能量的平衡指的是，在单位时间内，从太阳表面向外部空间辐射的能量和在太阳内部发生的核反应所释放的能量是相同的。太阳的核反应是在其最中心的内核发生的。然后，中心产生的能量一步步往外传递。最后我们看到的、接收到的，是从太阳的表面辐射的能量，是太阳持续向四面八方发出的光的强度。太阳从表面释放出的能量和太阳中心产生的能量值是相当的。在中心核反应释放巨大能量的同时，从表面以光的形式向周围释放出同样巨大的能量。所以太阳在能量方面也可以达到平衡，保持稳定的状态。

总的说来，太阳需要同时满足力学平衡和能量平衡，才能保持尺寸及发光强度等性质的长期稳定状态。太阳核心区的核反应速率对温度是非常敏感的。如果太阳核心区的温度稍微上升一点，就会导致核反应产出的能量快速增加。在这种情况下，能量平衡会被打破吗？

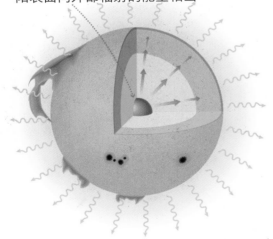

核心区核反应产生的能量和太阳表面向外部辐射的能量相当

• **太阳的能量平衡**

幸运的是，太阳是个气体（等离子）球。我们可以想象一个充满气体的弹性非常好的球，如果加热其中的气体，温度上升，气球会膨胀。对于太阳，当核反应产能增加时，产生的能量会增加太阳核心区压力，让核心区发生膨胀。这一让核心区膨胀的过程会消耗能量。

因此，膨胀的核心区会冷却一些，温度恢复到上升前的状态，核反应速率也会随之降低。反过来，在核心区温度稍微降低的情况下，核反应产能减少，核心区压力降低，核心区会收缩并升温。通过这样一种自我调节的"恒温器"机制，太阳核心区温度的稍微上升或者下降都能被迅速地调节，回到相对平衡和稳定的状态。生活中类似的例子是用传统的烧水壶烧水。水开后，壶里的热量过大，水蒸气的压力会把壶盖向上顶，就好像太阳内部产生的能量过多时核心区会发生膨胀一样。之后，随着壶盖开口，部分水蒸气跑出，热量被释放，壶内的压力减小，壶盖又会回落。这一阶段类似于太阳通过膨胀消耗了能量，核心区降低到之前的温度。由此，太阳保持了总体稳定的核心温度，保持长期稳定的能量平衡。

总而言之，太阳能够保持长期的稳定，是因为它达到了上述流体静力学平衡及能量平衡的状态。根据计算，太阳保持这样稳定的状态大约为100亿年（目前太阳已经稳定了大约46亿年）。在那之后，核反应燃料消耗殆尽，能量平衡将被打破，"恒温器"机制无法调节核心区巨大的变化，流体静力学平衡也无法保持。到那时，太阳的大小、亮度都会发生根本的改变。

恒星的特征

　　在晴朗的夜晚，当我们看向天空时，能看到很多发亮的天体，这些天体中包含太阳系中的大行星，以及人类发射上天的人造卫星等。除此之外，我们能在夜空中看到的绝大多数亮点都是恒星。在观测条件足够好的情况下，人类肉眼可见的所有恒星大约有6000颗。如果利用望远镜观测，会发现更多的恒星。事实上，仅在我们的银河系中，就有数千亿颗恒星。考虑到茫茫宇宙中无数像银河系一样的星系，每个星系中都有数量巨大的恒星，整个宇宙中恒星的数量是相当惊人的。

　　在数量庞大的恒星族群中，离我们最近的，同时和我们的存在及生活都息息相关的恒星是太阳。通过对太阳的观察和研究，我们已经对这颗核心区发生着稳定核反应的恒星有了较为准确的了解。而宇宙中其他的恒星和太阳一样吗？还是有什么不同呢？

　　在晴朗的夜空观察星星，会发现它们都是一个个小的亮点，闪闪烁烁。仔细观察就会发现，这些小小的亮点有不同的颜色。大部分星星发白、发蓝，而有的星星明显发红。比如，在秋季星空中，当你识别出猎户座中组成猎人腰带的三颗恒星，并勾画出猎人的身体时，就会明显地看到，猎人左肩的那颗恒星，明显是偏红色的。

　　像太阳一样，恒星发出的光是各种波段、各种颜色的光集合而成的。恒星有不同的颜色，是因为不同波段的光的强度不同。如果一颗恒星发出的蓝光比红光多，它就偏蓝；如果某颗恒星发出更多的红光，它就会偏红。恒星并不能随意选择自己想要成为一颗红色的星还是蓝色的星。恒星的颜色实际上反映的是它表面温度的高低，或者说，由其表面的温度决定。恒星的表面温度越高，颜色就越蓝；表面温度越低，颜色就越红。当你知道了这个规律，就会知道，原来猎户座中，猎人左肩的那颗红色的恒星温度其实比其他颜色发蓝的恒星温度要低。对于恒星，我们就有了一种不需要温度计就能测量温度的神奇方法。

　　太阳之所以能发出巨大的能量，是因为在其核心区发生着稳定的核聚变。绝大多数恒星和太阳类似，在其核心区发生着稳定的核反应，释放出巨大的能量。夜空中的恒星看上去只是微弱的亮点，是因为它们离我们都比太阳离我们远得多。距离越远，我们能看到的、接收到的光就越弱。但是，通过测量恒星的距离，结合观测到的恒星的亮度，恒星实际的、本来的光度，也就是单位时间恒星向外辐射的总能量就能够被计算出来。对大量恒星进行普查的结果表明，恒星的光度也不是一致的。有的恒星比太阳亮得多，最大能达到太阳光

可见光波长范围	
颜色	波长
紫	380 ～ 450 纳米
蓝	450 ～ 475 纳米
青	476 ～ 495 纳米
绿	495 ～ 570 纳米
黄	570 ～ 590 纳米
橙	590 ～ 620 纳米
红	620 ～ 750 纳米

度的 100 万倍，而有的恒星比太阳的光度弱很多，最小的只有太阳光度的万分之一。

为什么不同的恒星在颜色和光度上会有这么大的差别？最根本的原因在于它们的质量不同。恒星在诞生时，有的质量大，有的质量小。质量越大的恒星，其核心区受到的向内的引力就越大。为了与之平衡，核心区的密度和温度就越高，以提供更大的压力，而越大的核心区温度导致越大的核反应效率，所以就会产生更大的光度。在稳定状态时，和太阳一样，这是由流体静力学平衡及能量平衡决定的。由此导致不同质量的恒星的表面温度、颜色及光度的不同。大质量的恒星光度很大，很明亮，而且温度很高，颜色发蓝。小质量的恒星相对较暗，温度较低，颜色是黄色或红色的。

质量越大的恒星，其中包含的可以供应给核反应进行燃烧的总燃料也越多。那么质量越大的恒星，是不是会比质量较小的恒星燃烧更长的时间，从而有更长的寿命呢？答案可能有些出乎意料。现在我们知道，质量越大的恒星，光度也越大，也就是说其内部的核反应效率更高，消耗的核反应燃料也越多。所以大质量的恒星，一方面，其中包含更多的燃料；另一方面，燃料又会被更快地消耗。而事实上，10 倍于太阳质量的恒星，其光度会是太阳的 1 万倍，对应着在单位时间内所消耗的燃料是太阳的 1 万倍。所以，和太阳相比，虽然这颗大质量恒星总燃料量为 10 倍，却会因为消耗速率更大而有着比太阳短得多的寿命。这颗恒星的寿命只有太阳的千分之一。所以，质量越大的恒星，寿命反而越短。

通过对大量恒星的普查，我们发现，不同质量的恒星的数目也不一样。实际上，在银河系中，以及在宇宙中，小质量的恒星比大质量的恒星更为常见。也就是说，小质量的恒星更多，而大质量的恒星更稀少。这种情况类似于海滩上的石块和沙粒的数目。从和太阳类似的核心区发生着氢元素的稳定核聚变的恒星的质量分布可以看到，质量比一半太阳质量还小的恒星占据了所有恒星数目的将近 70%，而超过两倍太阳质量的恒星只有大概 4%。

现在我们知道，正如地球上的人的年龄、身高、体重各不相同，宇宙中的恒星也在颜色、温度、质量、年龄等方面各不相同。恒星普查帮助我们了解了拥有不同特征的恒星的数目，找出了这些特征中存在的相关性，让我们更多地认识了各式各样的恒星。

天文观测的工具和方法

在望远镜出现之前，天文学家们就已经
开始采用各种观测方法对天体出现的位置、
运行规律等进行研究。而望远镜、各种天文
仪器的出现更是使天文学在距今 400 多年的
历史中飞速发展。在这一章中，让我们一起
领略一下从古至今的诸多天文研究方法和设
备，探寻为何这些方法和设备能够如此有效，
了解它们背后的物理规律。

如何测量星星离我们有多远呢

夜晚，天空中的繁星就像镶嵌在一张巨大的半球型幕布上一样，闪烁着光芒，乍看上去，它们与我们的距离仿佛都一样。但是现在我们知道了，它们离我们或远或近。天文学家是怎样测量出星星与我们之间的距离的呢？

早在古希腊，三角视差法就已经被当时的哲学家们（那时的哲学家也都是数学家、物理学家）所发现。著名的古希腊天文学家喜帕恰斯正是利用这种方法，通过在两个相距一定距离的城市同时测量月亮与地面的夹角，计算出了月亮和地面之间的距离。在三角视差法中，最重要的就是两个观测位置之间的连线，这条线叫作"基线"。

● 通过人眼的三角视差帮助我们确定物体的距离。

知识小卡片

三角视差法 在两个不同位置上观察同一个目标，利用这两个位置上观察结果的差别来测量距离的方法。三角视差法是几何中的一个经典命题：已知三角形两个角的角度及其所夹一边的长度，可以计算出三角形的高。

我们可以做一个这样的实验：将一个水瓶放在面前。我们先睁开左眼，闭上右眼，观察它；然后闭上左眼，睁开右眼，观察它。我们会发现，分别用左、右眼睛去看水瓶时，水瓶的位置好像发生了变化。而只有当两只眼睛全部睁开时，我们才能准确地知道水瓶的确切位置，顺利地把它拿起来。之所以会出现这种现象，是因为我们在用一只眼睛观察时，这只眼睛只能确定被观测物体的方向，而不能确定距离。

因为我们的两只眼睛之间隔着一定的距离，所以当看向同一个物体时，这两只眼睛看向被观测物体的方向就会不同。由于两眼之间的距离基本是固定的，根据这两个角度及两眼间的距离，我们的大脑就可以确定由两只眼睛和物体三者所组成的三角形，进而"计算"出物体与身体之间的距离。这就是为什么人们总说一只眼睛判断不了物体的远近，而这个"计算"能力，正是我们在婴儿时期通过不断抓握不同距离的物体训练出来的，也是在潜移默化中学习到的。

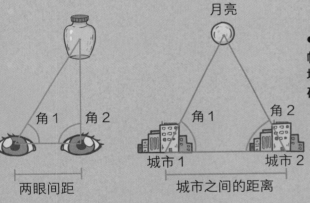

角 1　角 2

两眼间距

●基线

角 1　　角 2

城市 1　　城市 2

城市之间的距离

●基线

月亮

●2000 多年前的古希腊天文学家喜帕恰斯通过在相隔一定距离的两个城市同时观测月亮与地面的夹角，确定了月亮与地面之间的距离。

目标

一样长的基线

●随着目标越来越远，如果基线的长度不变，三角形会越来越尖。

如果将基线的长度固定，观测不同距离的目标，我们会发现，由目标和基线两端所组成的三角形，会随着目标离基线距离的增加而被拉伸得越来越尖，最后近似一条竖线。反之，如果在观测同一个目标时，增加基线的长度，三角形则会变得越来越扁，最终近似一条横线。无论是竖线还是横线，在这两种情况下我们都无法观测到视差的存在，也就没有办法通过三角视差法测量与目标之间的距离。所以基线的选择对于三角视差法的观测非常重要。

古希腊的先贤们为了能够观测更远的目标，通常会在两个不同的城市对同一个目标进行观测。可是受限于脚力，当时人们能去到的地方相隔距离极其有限。即使现在我们可以飞往世界上任何一个角落，所能去到的地方也仅在地球之上。所以在古希腊，尽管哲学家们测量出了月亮离地球的距离，但在观测太阳系以外的恒星时，却因为基线不够长，人眼分辨角度的能力不足，无法观测到恒星的视差，进而误以为太空中除太阳、行星以外的所有天体都位于一个以地球为中心的球壳之上。这一观点就是后来的地心说。

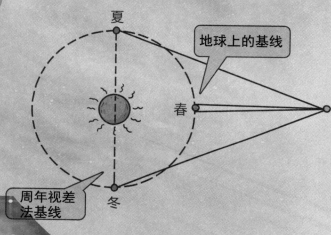

夏

地球上的基线

春

冬

周年视差法基线

●地球的公转轨道几乎是个完美的圆形。当我们分别在夏季和冬季观察目标时，在夏季和冬季的两个观测位置所连成的基线远大于地球自身的直径（地球上能达到的最长的基线）。正是因为基线的增长，人们才得以测量更遥远的天体的距离。

19世纪初，天文学家普遍开始使用天文望远镜对天体进行观测。借助天文望远镜，他们虽然可以更精确地对天体所在方向的角度进行测量，但即使离我们最近的恒星与地球的距离也比太阳与地球的距离远将近30万倍，要想利用三角视差法测量它们与地球之间的距离，必须想办法增加基线的长度。当时，德国的天文学家弗雷德里希·贝塞尔想到了周年视差法（几个世纪前就已经被人提出）。因为这种方法借助地球围绕太阳的公转轨道，也就是地球的周年运动轨道来设置观测基线，所以被称为周年视差法。贝塞尔分别在地球处于地球公转轨道直径两端时，即1月和7月，对天鹅座61进行了观测。基于地球公转轨道的半径大约是地球半径2.5万倍，再加上望远镜的帮助，贝塞尔成功估算出天鹅座61与地球的距离，约为10.4光年。他因此成为第一位使用周年视差法成功估算出太阳系外恒星与地球距离的天文学家。更重要的是，这一观测证明了宇宙中的繁星不是固定在一个球面上，而是在三维立体的空间中有远有近地分布着。

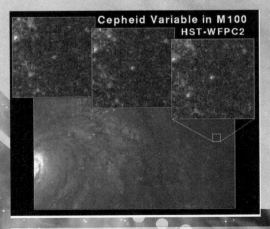

●哈勃望远镜在M100星系中观测到的一颗造父变星（左图），以及这颗造父变星亮度变化的过程（右图）。

到了 20 世纪初，天文学家开始观测一些疑似位于银河系外的天体——星云，可是由于它们距离太远，要想利用三角视差法测量它们与我们的距离，所需要的基线已经远超地球公转轨道的直径，所以当时没有测量星云与我们之间距离的好方法。幸运的是，天文学家发现在这些遥远的星云里面有时可以找到一种特殊的天体，这种天体就像灯塔一样，从一个方向看，忽明忽暗，亮度会发生变化。不仅如此，它们自身发光的强度，或者说光度，与它们亮度变化的快慢还有着明确的关系。这也就意味着，我们可以通过观察这类天体明暗变化的快慢，来推断出它本身有多亮。由于这类天体最初是在仙王座造父一发现的，所以它们被统称为"造父变星"。

●通过比较标准烛光自身的光度与观测到的亮度，就可以推算出它与观测者之间的距离。星系中的造父变星就是标准烛光的一种。

虽然知道了造父变星本身有多亮，但怎么帮助天文学家确定距离呢？我们可以找一位同伴一起在黑暗的环境里做这样一个实验。

两个人站在一起，一个人不动，另一个人点燃一根蜡烛。持着蜡烛的人渐行渐远，另一个人观察这根蜡烛的火苗。这时我们会发现，随着蜡烛与我们距离的增加，火苗看上去会越来越暗。通过火苗的明暗能够估计蜡烛与我们的距离。将蜡烛换作造父变星，我们知道了它自身发光的强度，以及从地面观测时它的明暗变化规律，就可以像估算蜡烛与我们之间的距离一样估算造父变星与我们之间的准确距离。又因为它们位于这些星云、星系中，我们就可以利用它们推测星云、星系与地球之间的距离。

《 知识小卡片

标准烛光法 利用已知光度的天体测算距离的方法。用这种方法测量天体距离非常准确，所以这些"标准烛光"被视为宇宙的量天尺。

爱德温·哈勃

美国著名天文学家。他证实了银河系外其他星系的存在，建立了哈勃－勒梅特定律，表明宇宙正在膨胀。哈勃望远镜就是以他的名字命名的。

正是通过造父变星作为标准烛光，天文学家爱德温·哈勃确定了仙女座大星云离我们非常遥远，一定位于银河系之外。

20 世纪末，望远镜不仅变得越来越大，而且可以被送进太空中进行观测。大气不再是天文观测的限制因素，三角视差法重获新生。1989 年和 2013 年，欧洲航空局先后发射了"依巴谷卫星"和"盖亚卫星"。至今，它们已经以极高的精度为天文学家们提供了超过 250 万颗恒星的精确位置及亮度信息。这些信息被广泛应用于天文研究及卫星导航控制等领域。

在测量天体时，除视差法、标准烛光法外，科学家还会根据千百万颗已知距离的星星的颜色与亮度，用计算机抽象出物理模型，再依据未知星星的颜色与亮度，反推其距离。如果我们要观测的星系太远、太小，其中的造父变星都分辨不出来（就像远处那些无法分清的蜡烛一样），那该怎么办？你能想到解决办法吗？

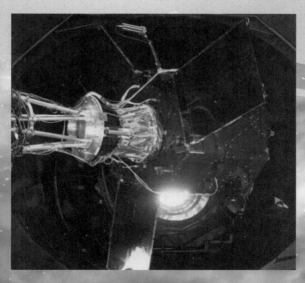

● 盖亚卫星

色彩斑斓的天文照片

去天文馆时，让你印象最深刻的是什么呢？

一般都是那些色彩斑斓的天文照片。那些天文照片里呈现出的颜色，要比最擅长用颜色来表达情绪的印象派画家的作品还要炫目。

我们不禁会问，天体真的是五颜六色的吗？为什么人们在伸手不见五指的乡间用天文望远镜观察星空，却难以看到如此壮观的景象呢？天文学家又是如何拍摄出那些色彩斑斓的照片的呢？

● 银河系中的泡泡星云的名字和长相都非常可爱。这个巨大的泡泡其实是被泡泡里面靠左上角的那颗"粉色的"亮星喷出来的恒星风吹开的尘埃和气体。

要想弄清楚这个问题，可以从我们熟悉的视觉讲起，我们眼睛的工作原理与相机的工作原理类似。眼球中的晶状体就如同相机的镜头，能把眼睛看到的物体发出或反射（折射）的光汇聚到晶状体后面的一个个小神经上，这些小神经分成红、绿、蓝三个家族，这三个家族分别可以感受照射到它们身上的红光、绿光和蓝光的强与弱。大脑会把挨得很近的几个小神经感受到的颜色组合在一起。这就和我们在美术课上用红、黄、蓝三种颜料混合调色一样：红色加蓝色，就显现紫色，再加点儿黄色，就又带了些橙色的色调。即使我们的眼睛最能感受到的是红光、绿光和蓝光，但因为光的强弱不同，又有不同的组合，所以也能够欣赏到万般颜色。

天文学家在拍摄天文照片时，利用的方法跟眼睛成像的原理差不多。他们会在望远镜和黑白相机之间放置一种叫作滤光片的配件。滤光片是用加入特种染料的塑料片或玻璃片制成的。每一种颜色的滤光片会让特定颜色的光透过来，比如红色滤光片只能让红光透过。

在对天体进行拍摄前，天文学家会选择好自己在这次拍摄中将用到的各种滤光片，把它们组成一组。先将一枚滤光片安装在黑白相机与望远镜之间，拍摄第一张照片，然后更换一枚滤光片，再拍摄一张照片。当把所有滤光片都用过一次以后，就会得到一组在不同滤光片下拍到的天体的照片。

在后期进行图像处理时，天文学家会将这些用特定颜色滤光片拍摄的照片染成对应的颜色。再将这些不同颜色的照片叠合在一起，就生成了一张天文图片。因为这种图片的颜色是后期人为选定的，所以在天文领域一般被称为伪彩色图片。

我们之所以能看到物体，是因为物体发出了光线，这个过程称为辐射。这些光线可以是这些物体自己发出的光，也可以是被物体折射或反射后间接进入我们眼中的光。但不管怎样，由于这些光线和物体发生了相互关系，这些光线的颜色就能反映这些物体中的许多信息。比如，我们可以从火苗的颜色推断出火苗温度的高低，从湖水的颜色判断出湖水的深浅，从布料的明暗程度判断布料表面是粗糙还是光滑。

同样，天体也会因为其自身不同的成分、温度、状态等因素，在相应的部分呈现不同的颜色。天文学家通过测定天体在不同颜色下的明暗，可以推断出这个天体周围有没有气体和尘埃，各部分的温度到底有多高，在哪里会有新的恒星诞生等。

● 各种颜色的滤光片

黑白相机不分辨光线的颜色，只分辨光的强弱。相比同档次的彩色相机，使用黑白相机能拍到更暗的物体，比如更隐秘、更远的天体。

需要注意的是，即使使用的滤光片的颜色不同，使用黑白相机拍下来的照片仍然是黑白的。通过这种方式，天文学家就用黑白相机记录被滤光片滤过来的那个颜色的光的强弱。

天文学家利用滤光片和相机拍摄后，再合成天文图片。但他们光靠这两样还做不了科学观测，最重要的那个仪器藏在天文台经常能看到的圆顶里面，那就是观测用的工具——天文望远镜。

● 中间的星系的伪彩色图片是将其他 7 幅采用不同滤光片拍摄的照片染色后组合而成的。

天文学家为什么要生成这种伪彩色图片呢？除了欣赏宇宙之美，更重要的是研究这些照片背后的科学意义。仔细观察左图就会发现，在不同颜色的滤光片下，同一种天体的形状竟然是不同的。

这究竟是怎么回事呢？

天体的"指纹"——光谱

　　我们知道，让太阳光或者白光通过一个棱镜，原本的白光会被分成一条由紫到红的彩带。那么，在这条彩带中，除不同颜色的光之外，还藏着其他的信息吗？

　　像太阳光这样从自然天体发出的光中，除肉眼可见的彩虹色的光之外，还有人眼无法识别的红外光和紫外光等。这些不同颜色的光对应不同的频率与波长。颜色越红的光，波长越长；颜色越蓝的光，波长越短。而这些不同颜色的光的强度或者说亮度并不是完全一致的。我们把一束光想象为红外光、可见光（包括红、橙、黄、绿、蓝、靛、紫）、紫外光的集合体。对于有的光束，其中的红外光或者红光可能更强，而有的光束中紫外光或者蓝光可能更强，那么在集合而成的光束中，整体的颜色也会随之改变。太阳发出的光，其中最强颜色的光在可见光波段，所以太阳看上去是黄白色的。而其他天体，比如质量和太阳不一样的恒星，它们发出的光的强度最强的部分可能在红外波段或者蓝紫色波段之外。在这种情况下，这些天体整体的颜色就会呈现红色或者蓝色。

　　恒星的颜色是由其表面温度决定的，同时又与其质量紧密相关。质量越大的恒星，颜色越蓝；质量越小的恒星，颜色越红。对于很多恒星，天文学家就是通过观察它们的颜色，来确定它们的表面温度和质量的。除此之外，利用一种特殊的观测仪器——光谱仪，将太阳光进一步分散就会发现，在不同的颜色之中，还隐藏着更多可用于身份识别的信息。

射
分
能
颜

　　天文学家所使用的光谱仪可以像棱镜一样将太阳光分

下，从左至右，构成太阳光在可见光范围的整体光谱。对追

放大，我们可以看到一条非常长的、从红色一直渐变到紫色

完全连续的，上面有很多条黑色的线，有的宽，有的窄。

　　这些在连续的光谱上的特别的线被称为谱线，是由太阳

造成的。我们所看到的太阳光中连续的由红到紫的光谱，叫

温的核心

的。而太

心部分作

阳外层的

吸收特定

光亮度变

位置上出

学中的

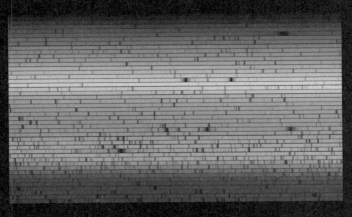

● 太阳光谱

天文观测的工具和方法

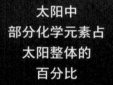

太阳中部分化学元素占太阳整体的百分比

	氢H	氦He	碳C	氮N	氧O	氖Ne	镁Mg	硅Si	硫S	铁Fe
原子数量占比（%）	91.0	8.9	0.03	0.008	0.07	0.01	0.003	0.003	0.002	0.003
质量占比（%）	70.9	27.4	0.3	0.1	0.8	0.2	0.06	0.07	0.04	0.1

（注：数据引自他处，计算结果中包含四舍五入数值，因此比例的总和略大于或小于100%。）

　　通过在地球上的实验，人们发现每种元素会吸收的光的波长是不一样的。当我们在太阳的光谱中看到了一条较暗的谱线，查看它所对应的波长，就可以知道是哪种元素的存在造成了这样的谱线。所以，在太阳的复杂光谱中，通过仔细分析每一条谱线，找到与之对应的元素，我们就能够知道太阳的组成成分。另外，在已知太阳的光谱的前提下，如果我们观测到一束光，其中主要部分具有太阳光谱的特征，还有少部分额外特征，那么我们就可以初步猜测，这束光可能是由某个天体，比如太阳系中的行星反射太阳光而形成的。

　　因此，天体的光谱就像天体的"指纹"一样，反映了天体的成分和特性。对比"指纹"中每种元素所产生的谱线的相对强度，天体中各种元素的相对含量也能够被测得。上图中列举了通过太阳光谱测得的太阳中含量较多的一些元素。其中含量最多的是氢和氦，还有碳、氖、氧等元素。

对于来自宇宙各处的光，在条件允许的情况下，我们都可以分析其光谱，得到对应的"指纹"，并确定"指纹"拥有者的身份和特点。有时，"指纹"来自单一的天体；有时，遥远天体发出的光除了携带其"指纹"信息，在穿过茫茫宇宙中的星际介质时，还会叠加其穿过的星际介质的额外"指纹"信息。这种被部分改变了的"指纹"信息，不仅能"告知"我们遥远天体的特征，还能帮助我们了解这一天体和我们之间的巨大空间中的物质分布的特点，是天文学家研究宇宙中的物质分布的好帮手。

随着观测方法和观测工具的不断发展，越来越多天体的"指纹"信息正在被获得，这些信息也帮助我们越来越深入地了解整个宇宙。

<< 知识小卡片

光谱学 是一门研究物质和电磁波之间关系的重要学科。由于光谱涉及物质本身的化学特性及物理特性，从物质发出或吸收的光谱就可以进一步反映出物质的各种特点，是近代物理、化学研究中非常重要的手段。

吸收线 / 发射线 是由特定元素在特定条件下，对光吸收或自身发射光子进而产生的光谱中的一系列窄线（太阳光谱中那些黑色的吸收线）。

探索宇宙的千里眼——光学天文望远镜

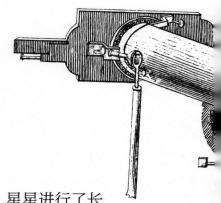

在天文望远镜问世以前，古人就已经利用眼睛对月亮、太阳、星星进行了长久的观测。在古人眼中，月亮洁白如玉盘，而太阳上出现的黑斑是神鸟"金乌"造成的。

太阳黑子的尺寸偶尔可以大到能被肉眼观察到。在古时候，传说它们是由于太阳里三只脚的乌鸦——金乌的出现造成的。

小贴士

直到伽利略第一次将望远镜用于天文观测，天文望远镜才正式诞生，这一下子改变了人们以往对宇宙的认知。

原来月亮表面凹凸不平，并非光洁如玉盘；太阳上时常出现的黑子也并非神鸟所为，黑暗的天空中藏有千亿颗恒星组成的形态各异的星系。从此，天文学家们的"视力"一下子就提高了：可以看到之前看不到的天体了，之前能看到的天体，现在也可以看得更清晰了。

那么，天文望远镜是怎样帮助天文学家提高"视力"的呢？

想弄清楚这个问题，还要从我们最熟悉的"肉眼观星"讲起。宇宙深处的天体所发出的光会像"小水滴"一样从天体出发，沿直线射向宇宙的各个方向。这些"小水滴"有个学名，叫作光子。当它们排着队前进时，如同水滴和河流的关系一样，在宏观上，大量的光子会聚成光线。

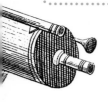

那些很亮或者距离观测者较近的天体发射出的光子多，光线的流量大，就像无数小水滴组成的河流还没有在漫长的旅途中分流就到达了观测者的眼中；而那些遥远的暗弱天体发出的光线则更像涓涓细流一样，真正能够到达观测者眼中的光子非常少。

● 同一时间，亮天体发出的光线流量大，暗天体发出的光线流量小。

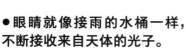

● 眼睛就像接雨的水桶一样，不断接收来自天体的光子。

当我们看向天体时，眼睛的瞳孔就会像接雨的水桶一样，不停地接收天体发出的光子。

如果接收到的光子足够多，瞳孔后面的视神经就会有所反应，通知大脑在眼睛注视的方向上存在一个发光的天体。瞳孔的面积限定了接收光子的面积，即使在夜晚，人眼的瞳孔睁到最大，直径也不到 1 厘米，所以很多天体的光子进不到瞳孔内，我们也就感受不到它们的存在。人眼在黑暗的夜空中最多只能观察到 6000 ～ 10000 个天体。

如果可以把落在瞳孔之外的光子收集起来，会聚到人眼，是不是就可以看到那些本来看不到的天体呢？答案是肯定的。伽利略在 1609 年使用天文望远镜进行天文观测后发现，即使使用口径仅有几厘米的天文望远镜，也能轻易发现肉眼看不见的天体。

望远镜可以被视作人眼前面的一个开口面积巨大，用来接收光子的漏斗。相比直径小于 1 厘米的瞳孔，即使望远镜口径仅有 5 厘米，同一时间接收到的光子数量也会增加24倍。如果望远镜的口径更大，利用这些望远镜将光子全部会聚到人眼或者其他探测器中，即便是暗弱的天体也能被发现。

可是，望远镜口径的大小只决定了漏斗开口的大小，如何才能将这些光子会聚到人眼中呢？

为了解决这个问题，荷兰的眼镜商人汉斯·李波尔在发明折射式望远镜时联想到了凸透镜的会聚功能。如果物镜采用凸透镜，光线自然就会像落在漏斗里的水一样被会聚。然而凸透镜只能将光线会聚到焦点上，还需要一块凹透镜，将这些光线组成的光束放大到瞳孔大小，才能被眼睛接收。

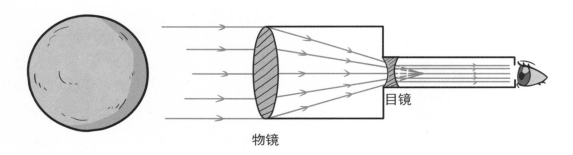

目镜

物镜

●折射式望远镜由用于接收会聚光线的凸透镜及用于放大的凹透镜组成

由于凹透镜在靠近眼睛的一侧，所以也被称为目镜。正是由于采用了凸透镜做物镜，实现会聚光线的功能；使用凹透镜做目镜，实现放大光线的功能，望远镜才能够帮助人们看到之前肉眼看不到、看不清的目标，这是天文学家用来观测暗弱天体的得力工具。

早期的天文望远镜都是由凸透镜和凹透镜组合而成的，光线是经过折射到达人眼的，所以被称为折射式望远镜。但是折射会将不同颜色的光以不同角度分散开来，这就是色散。

色散的典型例子就是彩虹。当太阳光穿过雨后天空中的水滴时，太阳光的各种颜色就被分散开来，幻化成美丽的彩虹。同样，使用折射式望远镜看到的木星会呈现出一边偏红，一边偏蓝的样子。

● 用折射式望远镜观看木星的效果

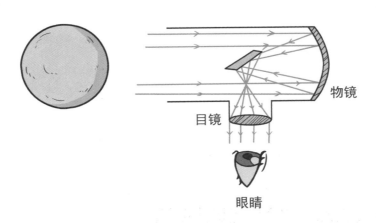

●牛顿反射式望远镜成像原理

物镜

目镜

眼睛

尽管色散令天体看上去很好看，却为天文学家研究天体带来了干扰。牛顿很早便发现了这个问题，同时他还发现，采用表面光滑的镜面对光线进行反射时，反射的光线就不会发生色散。根据这个原理，他设计了牛顿反射式望远镜。在牛顿反射式望远镜中，将可以聚焦并反射光线的曲面（球面或者抛物面）镜作物镜。为了不挡住来自天体的光线，反射式望远镜需要将物镜反射出来的光线用平面反射镜反射到目镜上，再送入镜筒一侧的人眼。

为了看到更暗弱的天体，要不断增大用来接收光子的物镜的面积。到了 1897 年，最大的折射式望远镜——叶凯士望远镜，物镜的直径已达到 1.02 米，光镜片的重量接近 225 千克。

●叶凯士望远镜

凸透镜中间厚、边缘薄，增加重量以后非常容易被折断。在折射式望远镜中，需要将镜片边缘夹住以固定，从而使物镜的尺寸无法再增大。对于反射式望远镜，只需要想办法在反射镜后面托住镜片就可以了，基本不受重量的限制，所以反射式望远镜的尺寸在不断扩大。截至目前，国际上已有 10 多台口径达到 10 米的反射式望远镜，它们是当今天文学家探索宇宙最先进也最得力的助手。或许不久的将来，我国的天文学家也有机会建造 10 米级大口径反射式望远镜，取得更多惊人的天文发现。

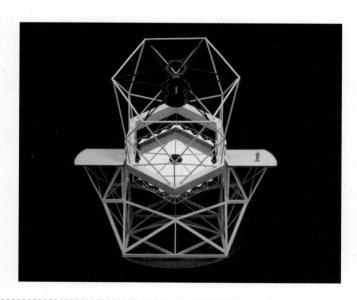

●10 米口径的反射式望远镜——凯克望远镜，它的物镜由 36 块对角线为 1.8 米的六边形物镜拼接而成。

大家肯定会有疑问："中国天眼"——FAST 的口径已经达到 500 米了，为何却说现在最大的望远镜口径只有 10 米左右？这是因为，我们在本文中讨论的望远镜所接收的光线都是在人眼可见的可见光波段及发热物体都存在辐射的红外波段。通过这些望远镜，天文学家真真正正地在"看"来自宇宙的画面。而工作在射电波段的"天眼"的工作原理更接近雷达，是在"倾听"来自宇宙的声音。

● "中国天眼"—— FAST

《 知识小卡片

物镜 光学系统中接收来自被观测物体所发出的光，并将光线会聚。由两块透镜组成的望远镜中，面向天体观测目标的那块透镜就是物镜。人眼中的晶状体是人眼这个光学系统中的物镜。而瞳孔和望远镜上固定物镜的套筒一样，限定了进入物镜光线的多少。

折射式望远镜与反射式望远镜

天文望远镜作为观测宇宙中暗弱天体的工具，最重要的功能是能够帮助我们看到以前所看不到的，看清以前所看不清的宇宙中各种奇妙的天文现象。天文学家为此不断对天文望远镜加以改进。纵观400多年来天文望远镜的发展，我们会发现，天文望远镜的口径（物镜的直径）不断增大，天文望远镜不再像以前那样包在一根又瘦又长的管子里，反而越发矮胖起来。

这是为什么呢？

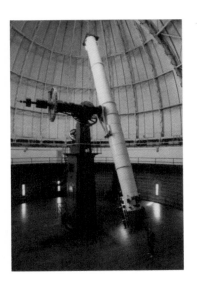

●从左至右，从上到下的各台望远镜分别是米歇尔望远镜（1843年，口径0.28米），26英寸折射式望远镜（1877年，口径0.66米），叶凯士望远镜（1897年，口径1.02米），胡克望远镜（1917年，口径2.54米），海尔望远镜（1948年，口径5.1米），凯克望远镜（1993年，口径10米）。

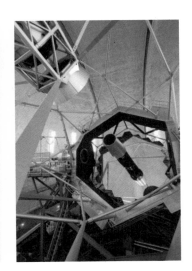

要弄清楚这件事，就要追溯到 400 年前。当时科学家们总结出两个关于望远镜的规律：其一，如果望远镜采用更大直径的凸透镜作物镜，就能收集到更多来自天体的光子，从而帮助科学家们看到更暗弱的天体的细节。其二，望远镜对物体的放大能力和所选用的作为物镜的凸透镜的焦距有关，即物镜的焦距越长，在目镜中看到的物体就显得越大，也就越容易看清物体的细节。

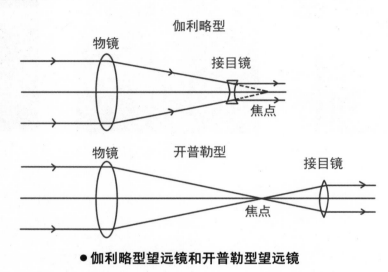

●伽利略型望远镜和开普勒型望远镜

对于折射式望远镜，无论是早期采用一块凸透镜和一块凹透镜组合而成的伽利略型望远镜，还是后来为了增大观测视野（在光学中，将"视野"称作"视场"）而采用两块凸透镜的开普勒型望远镜，它们的长度都与物镜的焦距长度相当。随着天文学家对望远镜探测暗弱细节需求的不断提高，需要同时增大物镜的直径和物镜焦距的长度，这使得折射式望远镜的"大筒子"越来越长。

镜筒越长，光线到达观测者眼中时，色散造成的颜色分离的现象就越严重，而反射则不存在色散的现象，因此，牛顿采用反射镜作为物镜，发明了由三块镜子组成的牛顿反射式望远镜。这种三镜式的结构成为后续反射式望远镜的重要设计基础。

根据光学设计理论，可以分析出反射式望远镜对于镜面的加工要求至少要比折射式望远镜高四倍。受限于当时的技术水平，反射式望远镜在望远镜发展的前 300 年并没有取代折射式望远镜。1897 年，口径 1.02 米的叶凯士望远镜（折射式望远镜）建成后，人们发现重力成了继续增大透镜尺寸的拦路石。叶凯士望远镜直径为 1.02 米的物镜就已经重达 200 多千克。在这个重量下，即使是坚硬的玻璃在重力的影响下也会像果冻一样发生变形，而这种变形还会随着望远镜指向的不同而发生变化，使得最后呈现出来的图像也模糊不清。折射式望远镜的发展到这时几乎走到了尽头。

对于反射式望远镜，虽然它的镜片同样会受到重力的影响，但由于光线不需要穿透镜片，所以可以在镜片背后使用各种复杂的支撑结构保证镜面的形状不变，甚至可以通过一些电动控制的推拉杆对镜面的形状进行微调。天文学家们找到了可以克服重力对望远镜影响的办法后，他们建造的望远镜的口径越来越大。

从此反射式望远镜就接过了折射式望远镜的"接力棒"，向着口径更大的方向飞速迈进。目前已有的和未来即将建造的那些 10 米、30 米口径的天文望远镜，其实都是反射式望远镜。

● （左图）欧洲 8.1 米口径的甚大望远镜（VLT）的主镜面；（右图）主镜面后面的主动支撑结构可以对镜面的形状进行调整。

《 知识小卡片

焦距 光学系统中对光聚集和发散的度量方式。平行光在射进透镜时会被透镜聚焦到一点——焦点，焦点到透镜中心点之间的距离就是焦距。

全球最大的单口径射电望远镜——中国天眼

在我国贵州省平塘县有一口直径 500 米的"大锅"，这口"大锅"既不能炒菜，又不能烧水，是用来接收来自宇宙深处的信号的。这口"大锅"就是被冠以"中国天眼"之称的 500 米口径的球面射电望远镜，简称 FAST。

FAST 的形状显然与其他的光学天文望远镜不同。构成光学天文望远镜的镜面或者是透明的、可以折射光线的透镜，或者是可以反射光线的曲面镜，而 FAST 虽然表面上也能泛出金属的光泽，但并不会像镜子一般映出蓝天白云。它为何如此与众不同呢？究其原因，它观察的是来自宇宙中的另一种信号——射电信号（在通信领域也称为无线电波）。

FAST 的主体由 4000 多面铝板构成，这些铝板采用特殊的支撑结构构成了一个抛物面形状的反射镜，主镜面上方是安装有许多复杂探测设备的接收仓，接收仓就相当于 FAST 望远镜的视神经，可以探测信号的强度、频率等信息。巨大的反射镜会将来自天体的射电信号反射会聚到接收仓。接收仓的探测设备会过滤掉其他波长的干扰信号，只留下射电信号。得益于 FAST 巨大的面积，相比其他射电望远镜，这个射电波段的超级大眼睛能够探测到更遥远、更暗弱的天体发出的射电信号。FAST 已经开始运行，使用它已成功发现并认证了宇宙中很多致密的天体——脉冲星。不仅如此，通过它还探测到了有史以来最暗弱的毫秒脉冲星，而这颗脉冲星是其他国家用很多望远镜观看了很多次都没有发现的。这足以证明，FAST 这口"大锅"是一架国际上数一数二的探测暗弱天体的利器。

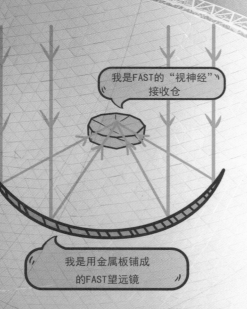

小贴士

望远镜之所以能帮助我们看到以前看不到的天体，就是因为用于接收天体信号的物镜尺寸比我们的瞳孔大，可以收集到更多的光子。射电电波在这一点上和光波是一样的，所以也要增大用于接收信号的"大锅"的尺寸。

我是FAST的"视神经"接收仓

我是用金属板铺成的FAST望远镜

用金属板搭建而成的 FAST 的反射镜面将来自天体的射电电波会聚到主镜面上方的接收仓。

无线电波可以帮助人们远距离传递信息。手机信号就是一个最典型的例子。以前的电话通过电话线连接才能传递语音信号。而现在，只要在信号能够覆盖的地方，我们就可以随时通话、上网。

虽然无线电波看不见、摸不着，但却跟我们平时能看到的可见光是好兄弟。它们都属于一个大家族。这个大家族里还有很多兄弟姐妹，有可以加热食物的微波、会晒黑皮肤的紫外线、可以遥控电视与空调的红外线，还有可以检查骨骼情况的 X 射线等。人们将它们统称为电磁波。

● 光波的衍射实验结果说明光具有波动性。

● 水滴落在水面上引发的震动造成了水波向外传播。

广播　　手机　　微波炉　　电视遥控器

无线电波　　　　　　　红外线

波长

长

红外线
红光之外的辐射，
肉眼不可见。

无线电波
在自由空间（包
括空气和真空）
传播的电磁波。

● **电磁波家族**

尽管我们的肉眼看不到电磁波，但电磁波从一处向另一处传播时，和水波类似，一圈圈地向外行进。如果仔细查看电磁波的波纹，会发现同一种电磁波的波纹之间的距离是一样的，但是不同种电磁波的波纹之间的距离却有着明显的差别。也就是说，同一种电磁波的波长是相同的，不同种类的电磁波的波长不同，波长是电磁波的一个重要的物理特征。

按照波长从长到短的顺序排列，波长最长的是无线电波，然后是红外线、可见光、紫外线、X 射线和伽马射线。无线电波的波长范围是几厘米到数千米。相比起来，可见光的"身高"就要矮多了，它的波长只有一万分之几毫米。而能够穿透人体，显示人体骨骼的 X 射线就更短了，它的波长只有可见光波长的千分之几。

正是因为波长的长短不同，我们才能从接收到的不同波长的电磁波信号中获得发射出这些信号的天体的相关信息，或者这些信号所穿过的天体的相关信息，正如我们可以通过射出来的炮弹的大小推断出发射它们的火炮的尺寸，通过炮弹飞行的轨迹推断出它们在飞行中受到的影响一样。科学家要想全面了解某个物体的性质，就需要对其发出的波长的信号进行探测。使用光学望远镜观察的是可见光和红外波段的电磁波，而某些无线电波（在天文学中也被称为"射电波段"的电磁波），是 FAST 观测的对象。

波长的长短还会影响电磁波和周围事物

知识小卡片

波长　沿着波的传播方向，相邻的两个波峰或者两个波谷之间的距离。例如水波，就有明显的波峰和波谷，我们可以测量两个波峰之间的距离，确定该水波的波长。

脉冲星　一种会不断发出周期性电磁脉冲信号的天体。它的密度非常大，如果从脉冲星上取一块方糖大小的物体，其质量就接近一万艘万吨巨轮的总质量。脉冲星的自转周期非常精确，被视作宇宙中最为精准的时钟。毫秒脉冲星是指一秒钟自转几百次的高速旋转的脉冲星。

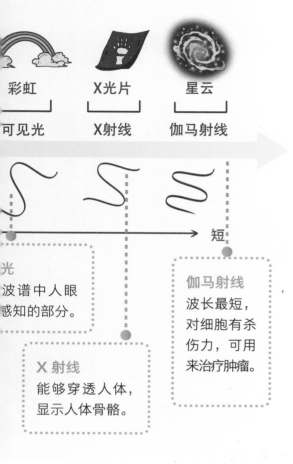

彩虹　X光片　星云

可见光　X射线　伽马射线

短

光

波谱中人眼
感知的部分。

伽马射线
波长最短，
对细胞有杀
伤力，可用
来治疗肿瘤。

X 射线
能够穿透人体，
显示人体骨骼。

的关系。无线电波和光波就好比巨型怪兽哥斯拉与小蚂蚁。平面上的一个小凸起在这两位个头差距巨大的选手眼中，有很大的不同：对于小蚂蚁来说，那块小凸起就像一块巨大的岩石，如果冲上去，很有可能会被撞得东倒西歪；而在哥斯拉眼中，根本看不到那些远比它个头小得多的凸起，更别提那些小凸起对它前进的方向有任何影响了。对于加工后的金属表面，尽管摸上去很平滑，但其实布满一个个的小凸起或小凹陷，它们的高度或者深度与光波的波长相近。这样一来，当光波遇到它们时，就会像小蚂蚁碰到巨大的岩石一样，向不同方向反射开来，呈现漫反射。由于无线电波波长远大于这些小凸起或小凹陷，这些表面的缺陷并不会对无线电波有任何影响。整个平面也就会像镜子一样，将无线电波反射出去。

正因为如此，科学家想到：使用价格实惠的金属板搭建一个口径极大的反射镜，也许就可以更高效地收集来自天体那微弱的无线电波段的星光了。FAST 也是依据这个思路设计建成的。

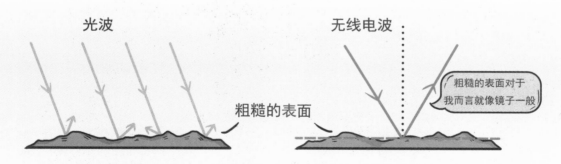

光波　　　　　　　无线电波

粗糙的表面

粗糙的表面对于
我而言就像镜子一般

●对于略微粗糙的表面，当光波照射上去时会发生漫反射，但这样的粗
糙程度，对于无线电波的反射没有任何影响。

随着 FAST 这只观天巨眼的能力被不断开发，它会不断帮助我们向更深、更广的宇宙中去探索，从而发现更多、更有趣的天文现象。让我们一起期待吧！

飞向宇宙的"天眼"

（左图）中国空间站工程巡天望远镜效果图。
（右图）发现号航天飞机拍摄的哈勃空间望远镜。

　　2021 年 4 月 29 日，长征五号 B 遥运载火箭，搭载我国自行研制的空间站"天和号"核心舱，在海南文昌航天发射场发射升空。"天和号"核心舱将作为我国空间站的枢纽，把空间站的各个部分组合为一体，帮助我国科学家开展各种太空实验和观测，这其中必然少不了天文观测。我国正在设计建造一架伴随空间站飞行的太空巡天望远镜。

　　说起在太空中运行的望远镜，最著名的莫过于美国 1990 年 4 月 24 日成功发射的哈勃空间望远镜。这台在太空中服役了 30 余年的望远镜可能是迄今为止获得科学成果最多的望远镜了。比起地面上口径达到 8.3 米的光学红外望远镜——斯巴鲁望远镜，口径只有 2.4 米的哈勃空间望远镜真可以说是个小个子。如果按照我们在"折射式望远镜与反射式望远镜"中学到的知识，望远镜的口径越大，用它观测宇宙的时候就可以看得越深、越清晰，相比哈勃望远镜，使用斯巴鲁望远镜拍摄的照片应该能展现出更多天体的细节。但是对比两台望远镜观测宇宙当中同一个星系时拍下来的照片，我们会发现身形巨大的斯巴鲁望远镜拍出来的照片竟然比哈勃望远镜拍出来的照片模糊得多。难道之前的道理在这里不再适用了？

原因是望远镜在太空中完全可以避开大气湍流的干扰。太空望远镜可以说是天文学家的观测武器库中的"终极武器"之一。

要打造这样一台"终极武器"，自然在技术实现难度和经济成本上也是"前无古人"。哈勃空间望远镜自 1990 年发射至今，仅建造费用就达到了 15 亿美元，后续的维修和运行费用大约 160 亿美元。作为唯一一台能够长期在太空中运行并可以开展各种类型观测研究的太空望远镜，哈勃空间望远镜在 2021 年 12 月 25 日终于迎来了它的后继者韦布空间望远镜的发射升空。这台"哈勃二代"距离地球 150 万千米，目前已经成功入轨，进入观测阶段。

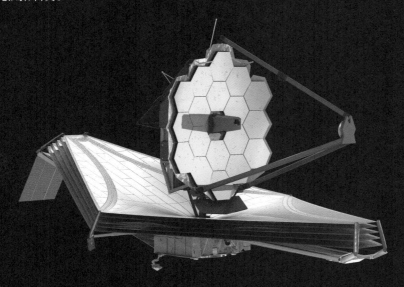

●所有光学镜面镀金的韦布空间望远镜。

像这样一件利器自然也是我国天文学家一直追寻的梦想，而这个梦想随着中国太空巡天望远镜项目的启动即将成为现实。或许在未来，你有机会利用我国的这台太空望远镜发现更多宇宙的奥秘，为人类的科学发展添砖加瓦。

))) 知识小卡片

大气窗口 大气不仅会对穿过它的光线产生折射，同时会对不同波长的光线产生吸收和反射作用。这种吸收作用在光学、部分红外射电波段相对较弱，就像在这三个波段上对宇宙打开了三扇窗口。在这些波段，我们在地面就可以接收到来自天体的信号，尽管大气湍流会让成像质量变差。要想在其他波段接收信号，需要将特定的望远镜放到太空里才行，如 X 射线望远镜、高能伽马射线望远镜等。

星系和宇宙学

太阳系的外面是怎样的？恒星们是否会组成更大的家庭在浩瀚的宇宙中一同旅行？这趟旅行是否存在终点？宇宙是否一成不变？在这一章中，我们将会把视线投向太阳系之外，一起领略星系、宇宙的魅力，并了解它们背后的几个有趣的物理规律。

星际尘埃——太空中的"雾霾"

在夏天的夜晚，当我们将相机对准银河，进行长时间曝光后，可以从相机的屏幕上隐约看到一条明暗相间的光带。这条光带大家肯定不陌生，它就是我们太阳系所在的星系——银河系。在这条由很多颗恒星组成的光带上，有一些形状特别不规则的暗带，像黑色的条带一样，仿佛阴云一般遮挡在明亮的光带前面。

为什么银河系看上去会有这些暗带呢？

这些在明亮背景下映出的暗带区域源于星系中的一类物质——星际介质的存在。银河系中有着数量庞大的像太阳一样发光的恒星。每一颗恒星都因为其自身的引力，使周围的大行星、小行星等围着其旋转，它们在一起组成了星系中一个个类似太阳系的恒星系统。恒星系统和恒星系统之间看上去似乎很空，但是，这其中并不是完全空无一物。有部分体积非常小、质量也非常低的尘埃和气体等物质游离在恒星系统之外，被称为恒星际介质，也叫星际介质。宇宙中，除恒星、行星等天体之外，在更广阔的星际空间中，充满了特别稀薄、密度特别低的星际介质。星际介质主要由气体和尘埃组成。气体主要由原子构成（原子的大小平均为 0.1 纳米），还有一些直径不超过 1 纳米的小分子。尘埃由一团一团的原子和分子组成，直径大约是 100 纳米。我们经常提到的大气污染物 PM2.5，是地球空气中直径小于或等于 2.5 微米（2500 纳米）的颗粒物。相比较而言，星际间的尘埃比地球上常见的灰尘、雾霾颗粒的尺寸要小得多。

即使是这样，恒星发出的光在穿过星际介质时仍会不可避免地受到影响，从而产生了我们观测到的暗带。因为星际空间体积大，尘埃总数多。

1 米 =1000 毫米
1 毫米 = 1000 微米
1 微米 = 1000 纳米

头发的直径约为80微米

氧原子的直径
约为 0.15 纳米
约等于头发直径的一百万分之二

氢原子的直径
约为 0.1 纳米
约等于头发直径的一百万分之一

我们可以将光看作一颗颗像橡皮子弹一样高速飞行的粒子——光子。如果这些光子从恒星飞出，在奔向某个方向的时候没有受到任何阻碍，它们就会沿着一条直线勇往直前。但如果它们在行进路线上碰到了"拦路虎"，非要跟它们"比划比划"，它们最终的行进路线就会与"拦路虎"的大小有着密切的关系了。如果"拦路虎"的尺寸很大，那么这些光子就会像橡皮子弹遇到墙壁一样被阻挡，观测者也就无法接收到来自这些天体的光线；如果"拦路虎"的尺寸和光子的大小相近就不一样了。这时发射的光子与"拦路虎"之间就有些类似射击中的"跳弹"。

此时，我们在脑海中想象一颗橡皮子弹，因为橡皮子弹不会将它所击中的石子击碎，所以我们无需考虑这种额外的物理反应所带来的影响。当橡皮子弹击中石子的那一刻，橡皮子弹会因为弹性而被石子弹向某个随机的方向，尽管这颗子弹会继续向前行进，但会发生方向上的偏转，最终无法击中目标。

同样的，当光子射向某个与它尺寸相当的物质时，它的行进方向也会发生偏离，这对应物理学中的一个基本概念——散射。当发生散射时，光子将偏离本应进入我们眼睛的方向，所以无法被我们观测到。

● 散射

在可见光波段，光子的"大小"大约是几百纳米（我们可以认为光子的"大小"跟它的波长相当），与星际介质中的尘埃（直径 100 纳米）相近。此时，星际介质中的尘埃就充当了阻挡光子行进的"拦路虎"，使得部分光子偏离本应飞向地球的方向。尽管光子在发生一次碰撞后仍有可能沿着原有方向继续前进，但它在飞出星际介质弥漫的区域之前，仍会与星际介质中的其他尘埃碰撞。随着每一次碰撞的发生，最终能够飞往地球方向的光子越来越少。即使极少量光子仍有可能飞到观测者的眼中，但它们已经弱到无法被人眼或探测器所感知。所以，发出这些光子的恒星也就隐没于星际介质之后了。最终呈现在图像中的就是明亮的星系前面的那些暗带。

我们还是把光子想象成一颗颗橡皮子弹，射向尘埃颗粒。面对同样大小的尘埃颗粒，橡皮子弹越大，就越难被尘埃颗粒弹开。因此，随着光子波长的增加，尘埃造成的光子的散射现象也会减弱。遥远恒星发出的光，和太阳一样，是由各种波长的不同颜色的光集合而成的，也就是说，其中包含了不同大小的"橡皮子弹"。星际介质中的尘埃能够阻挡

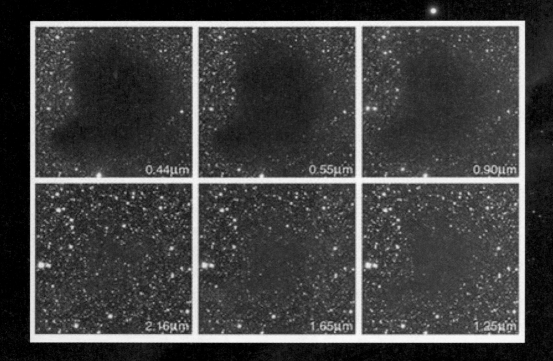

● 在不同波长观测同一片星际介质的效果，每张图的右下角是观测时的波长。

108

大部分的可见光波段的"子弹"，而更大尺寸的波长更长的红外波段的"子弹"就无法被尘埃颗粒所阻挡了。幸运的是，利用不同的望远镜，我们不仅能接收可见光波段的光，也能够对其他波段的光进行观测。如果我们在比可见光波长更长的波段进行观测，由于星际介质中的尘埃对于这些长波光线的"消减"没有那么强，所以我们就能看到星际介质后面的恒星所发出的波长较长的光。随着波长越来越长，隐藏在星际介质后面的恒星的长波光子穿过星际介质被望远镜所接收，而它们也从暗带后面逐渐露出真身。

　　地球上的雾霾时有时无，太空中的"雾霾"却很难消散。但是，在摸清太空"雾霾"的脾气之后，我们就有办法窥视其背后的星光，探索隐藏其中的奥秘。

《 知识小卡片

散射 光的散射是指光通过不均匀介质时一部分光偏离原方向分散传播的现象。

银河系的大小

我们所在的银河系，是横跨夜空的、明显比其他地方恒星更集中的一个光带。横跨天空的银河系，英文名称是 Milky Way，即牛奶路。"星系"一词的英文名称是 Galaxy，在希腊语中就是牛奶的意思。

> 望远镜被发明之前，人类凭借肉眼只能在夜空中看到一条微弱的光带。直到 17 世纪，伽利略用望远镜对准银河系之后，才证实这个微弱的光带实际上是由很多独立的恒星组成的。银河系到底有多大呢？

● 作者在云南高美古天文台用手机拍摄到的银河

要确定银河系的大小并不是一件容易的事，因为我们自己就位于银河系中，就像诗中所描述的，"不识庐山真面目，只缘身在此山中"。所以，我们无法从外部观察银河系，无法看到银河系的整体结构。在这种情况下，科学家们是如何推测银河系大小的呢？

通过望远镜我们可以看到更远、更暗弱的恒星，但以前我们并不知道这些恒星与我们之间的距离，只能观察到不同恒星的亮度会有所不同。由于缺乏其他观测手段及相关信息，当时的科学家们只能做一些基本的假设，其中一条假设就是恒星本身的发光水平都差不多，每颗恒星都像工厂里生产出来的同一批灯泡一样，发出的光都是同样多的。依据这个假设，会发现一个非常有趣而且十分常见的物理现象。

傍晚，天色渐暗，街上的车灯纷纷打开。通过这些车灯，我们虽然无法完全辨认汽车的具体形状和品牌，但却能清楚地分辨车辆与我们之间的距离变化。当车灯变得越来越暗，说明汽车越行越远；反之，则说明汽车离我们越来越近。

从光源发出的光会以光源为中心，以球面的形式向空中扩散。尽管这些同心的球体在不同距离上看起来大小不同，但是分布在球表面上总的"光的数量"却是相同的。球上每一小块面积分得的光就占了这块面积相对它所在的整个球体的面积的一定比例。假设这一小块面积对应的就是人眼的大小，并假设人眼的大小相对没有太大变化。随着人眼这个小窗口距离光源越来越远，人眼的面积相对球体所占的比例就越来越小。由于球体的表面积和半径是平方关系，举例来说，半径为 2 米的球体表面积是半径为 1 米的球体表面积的 4 倍，在这样的情况下，人眼面积没有变，所接收到的光就变为原来的四分之一，也就是看上去的亮度（在天文学的专业词汇里，通常称看上去的量为"视"。所以这里看上去的亮度，在天文学中就是视亮度）变暗到原来的四分之一。反过来，如果知道亮度的变化规律，就可以推测出光源与观测者之间的距离。

当时的科学家们假设恒星本身都是一样亮的，在这个前提下，他们就可以根据亮度和距离的反平方关系，通过观测到的恒星的明暗，计算它们与地球上观测者之间的距离。如果对夜空中每一颗观测到的恒星都这样计算，就能够绘制出整个天空中所看到的恒星的分布图。这就是 18 世纪的天文学家威廉·赫歇尔所采用的方法，通过统计天空中不同方向的恒星数目绘制出银河系的地图。

但是这种方法存在很大的问题，没有考虑到星际介质对穿过它们的光线产生的散射效应，而这种效应在很大程度上减少了能够从恒星直接射向观测者的可见光波段的光线。所以得到的对银河系大小的计算结果比实际结果小。要得到银河系的真实大小和太阳在银河系中所处的准确位置，就需要摆脱集中在银河系盘面上的星际介质的影响。

一种方法是避开银河系中恒星过于集中的地方，看向恒星相对稀疏的地方。20 世纪初，天文学家通过观测银河系盘面之外的天体确定了银河系的一个大致范围。

另一种方法是在比可见光波段更长的波段，如红外波段，对银河系进行观测。在可见光波段被遮挡的恒星在红外波段能够显现真身。

在一代代科学家的努力之下，现在我们清楚地知道，太阳并不位于银河系的中心，而是在银河系的盘面上，距离银河系中心大约 2.8 万光年。

银河系有数千亿颗恒星，太阳只是其中的一颗。那么如此广阔的银河系，是否是宇宙中唯一的星系呢？

知识小卡片

光度和亮度 光度是天体在单位时间内辐射的总能量，表示天体本身有多亮。亮度是观测者在单位时间内接收的天体所辐射的能量，表示天体看上去有多亮，与观测者和天体的距离相关。观测者距离天体越远，看到的同一天体越暗，亮度越低。对于同样光度的天体，观测者看到的亮度与天体的距离的平方成反比。

世纪辩论与河外星系

就像日心说出现之前，人们认为地球是宇宙的中心一样，19 世纪末 20 世纪初的科学家们认为地球所在的太阳系是宇宙的中心。当时普遍认为太阳系和其他恒星系统及星际尘埃构成了银河系，而银河系是整个宇宙的全部。事实真的是这样吗？

当人们还在努力地探测银河系的真实大小及太阳在银河系中的位置时，天文学家在夜空中发现了一些与恒星形态完全不同的天体。与恒星的点状光斑不同，它们看上去并不是一个亮点，而是弥散开来的旋涡状。由于当时的天文学家认为它们是会发光的云团，因此将其命名为星云，这种旋涡状的星云被称为旋涡星云。

对于旋涡星云，一部分人认为它们是和银河系一样遥远的星系，另一部分人则认为没有证据表明旋涡星云是银河系之外的天体，他们坚信那是位于银河系内的天体。孰对孰错，关键要测定银河系的大小及这些旋涡星云与我们的距离。

这个问题关系到人们对宇宙的根本认识，持这两种不同观点的天文学家分成了两个阵营。1920 年，一场世纪辩论终于展开，这场辩论的争论焦点为"银河系之外是否还存在其他的星系"。

由于当时观测方法和精度的限制，这场世纪辩论的两个阵营的各种观点中都有对的地方，也有错的地方。由于当时没有办法证明究竟谁是正确的，所以在这场辩论中，并没有得到能够说服双方的结果。

历史回顾：世纪辩论

赫伯尔·柯蒂斯

1. 太阳位于星系的中心
2. 银河系的尺度大约为 3 万光年
3. 宇宙是由许多类似于银河系的星系组成的
4. 旋涡星云是同银河系一样的遥远星系

以赫伯尔·柯蒂斯为代表的天文学家认为太阳位于银河系的中心。他们测得的银河系的尺寸大约是 3 万光年。他们还认为宇宙是由许多类似于银河系的星系组成的，而旋涡星云是和银河系一样的遥远的星系，是在银河系之外的。

以哈罗·夏普利为代表的天文学家则认为太阳并不在银河系的中心，而是远离它，在距离银河系中心几万光年的地方。哈罗·夏普利测得的银河系的直径非常大，大于 30 万光年，比之前人们所了解的银河系要大得多。因此他认为宇宙是由银河系组成的，没有其他星系。观测到的旋涡星云只是距离不远的银河系内部的气体云团。

哈罗·夏普利

1. 太阳远离(6 万光年)星系的中心
2. 星系的尺度大于 30 万光年(基于球状星团)
3. 宇宙由单一的大星系组成
4. 旋涡星云只是附近的气体云团

1925 年，哈勃用威尔逊山天文台的 2.5 米口径望远镜分辨出了位于仙女座星云中的一类特殊恒星——造父变星。这类恒星有一个鲜明的特点：像萤火虫一样，有规律地时明时暗。哈勃之前的天文学家已经发现了这种造父变星明暗交替的周期与其发光能力（光度）之间的关系。基于这个关系，虽然天文学家无法直接在地面观测出这类特殊的"灯泡"本身有多亮，但可以从观测到的明暗交替的周期规律推测出它们本身的亮度。再结合地面实际观测到的亮度，利用亮度与距离的平方关系公式，就可以计算出造父变星与观测者之间的距离。

　　哈勃使用以上方法对仙女座星云中的造父变星进行计算，成功测定了仙女座星云与我们的距离。这个距离远大于当时推算出的银河系的各种可能的大小中的最大值。所以，仙女座星云一定是在银河系之外的。由此确定仙女座星云和与之类似的其他旋涡星云都是和银河系一样的星系，而且都离银河系非常遥远。

　　所以银河系只是宇宙中诸多星系中的一个，并不是宇宙中唯一特别的存在，也远远不能代表宇宙的全部。这些银河系之外的其他星系，被统称为河外星系。而哈勃也成为宇宙学的奠基人之一，在此基础上他又发现了哈勃定律，给出了"宇宙在膨胀"这一现今为人们所熟知和认可的宇宙观。

　　大约 100 年前，我们还不确定宇宙中除了银河系还有什么。人类的目光主要局限于银河系，而在 100 年之后的今天，我们早已望向更深远的宇宙，看到了无数大大小小、形形色色的星系，进一步认识到我们在不断发展、演化的宇宙中的位置。随着科技的进步、观测手段和能力的提高，我们会发现更多的星系，发现更多令人为之振奋和敬畏的存在。

知识小卡片

光年 长度单位。虽然有个"年"字，却不是时间单位。1光年指光以真空中的速度沿直线行进1年所经过的距离。我们知道真空中光的行进速度是 3×10^5 千米每秒，一年约为 365 天 $\times$ 24 小时 $\times$ 3600 秒，将两者相乘，就可以得到 1 光年换算成米的数值了，大约为 9.46×10^{12} 千米，也就是 9 后面要带 12 个 0。要知道地球的平均半径也只有 6.4×10^3 千米，比 1 光年的距离少了 9 个 0！

为五花八门的星系分类

在银河系之外，在我们可以观测到的宇宙中，有上万亿个星系。这些星系与银河系的大小和形状一样吗？

天空中那些肉眼看起来比较黑暗的区域中，其实有很多距离我们十分遥远的延展的亮源，它们是宇宙中的星系。

哈勃超深场图是目前为止天文学家对于天空中的一个区域在光学波段所观测到的最灵敏的图像之一，也是我们整个宇宙中能够观测得最仔细、最清晰的一个区域。这是使用哈勃空间望远镜进行长时间观测的结果；虽然图中密布着各种类型的天体，但实际上只是天空中一块非常小的区域。满月时，从地面看月亮，月亮的直径大约是0.5度，也就是30角分（1度=60角分=3600角秒，角分和角秒都是更小的角度单位）。而哈勃超深场图这一区域的尺寸却仅有两角分多一点几，即满月直径的1/15，可见这一区域相对整个夜空多么渺小。

在这样微小的区域，我们却可以看到数以千计的各种形态的亮斑。在这些亮斑中，除少数几颗恒星外，还有很多形状像纺锤、圆盘、球一样的发光体，甚至有些形状十分奇特的发光体。这样的发光体在天文学中通常被称作"延展的面亮源"，因为它们看上去已经不再是一个点，而是一个包含多个点的面；这些面亮源就是星系。天文学家在哈勃超深场图里，通过仔细的认证，发现其中约有5500个星系。

这些星系有大有小。一方面是因为它们的距离有远有近。对于同样大的星系，距离越远，看起来就越小；另一方面是因为这些星系的实际尺寸有大有小。对于大一些的星系，它们的形状和颜色很容易被分辨出来。有的星系颜色偏红，有的星系颜色偏蓝，还有的星系颜色偏白。有的星系呈细长的条状，有的星系呈圆形或椭圆形，还有的星系呈旋涡状。宇宙中的星系并非都和银河系一样，而是在大小、颜色、形状等特征上都相差很大，五花八门。

对于科学家而言，通过对事物的共性和差异进行总结，进而找出规律是非常重要的科学工作之一。在千差万别的星系中，从形状和颜色出发进行归类便是研究星系的最重要的工作之一。

这个星系整体呈球形，中间密度比较高，越往外，亮度越低。但是这个星系整体结构比较平滑，没有特别明显的结构特征。从二维投影看，这样的星系呈圆形或者椭圆形，所以被称为椭圆星系。

该星系和银河系很像，都拥有旋臂，中心有一个较亮的核球，外围是盘状结构。宇宙中这样的星系有很多，被称为旋涡星系。

该星系放大以后就像弥散的一些小团块聚集在一起，没有很规则的结构。像这样无法用一个特定的形状来形容的星系，被统称为不规则星系。

把上述这些星系的类型进行总结，就得到了以星系形态为基础的分类图。这样的分类方式最早由哈勃提出，被称为哈勃音叉图。从左往右看，左边音叉的柄上是椭圆星系。

透镜状星系

这类星系形态上介于椭圆星系和旋涡星系之间，总体说来跟旋涡星系比较像，但不同的是，它们的盘上面没有旋臂结构。这类介于旋涡星系和椭圆星系之间的星系被归类为透镜状星系，或者称为 S0 星系。

椭圆星系
椭圆星系根据椭圆的程度分成不同的子类，从圆到扁。

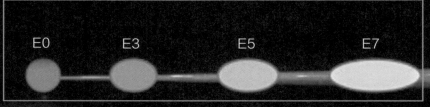

E0　　　E3　　　E5　　　E7

S0

根据不同类型星系的总体特征，天文学家研究出这些特征对应着星系中恒星的整体年龄。可见这看似简单的分类，在天文研究中也有着极为重要的作用。或许当你在夜空中观测天体时，也可以对它们在颜色、明亮程度等物理属性上进行分类，看看能否发现其中的奥秘。

《 知识小卡片

分类法 通过比较所观察、研究的事物之间的形似性，把它们按照不同的特征归于不同类别的科学研究方法。比如上面对星系按照形态进行分类的星系分类法。这种科学方法在诸多学科中都会用到，比如对不同的植物、动物进行分类等。

旋涡星系
旋涡星系是形状类似旋涡的整体呈盘形的星系。

Sc

Sb

Sa

旋涡星系及棒旋星系也能够被分为子类，依据的是星系中心部分明亮的核球的相对大小，以及旋臂互相缠绕的程度。哈勃音叉图最右边是不规则星系。

小贴士

SBa

SBb

SBc

棒旋星系
通过观测发现，很多旋涡星系中央都有一个明显的棒状结构，旋臂是从棒的两端延伸出来的。在旋涡星系中，通常将这样中央有棒状结构的星系单独分出来，称其为棒旋星系。

银河系的宿命——引力影响下的星系的碰撞融合

这是一个典型的旋涡星系，中央有一个明亮的核心，旋臂也清晰可见。

两个星系为什么会连接在一起？发生了什么？我们对宇宙中的星系进行观测时，会发现这样的情况并不少见。这是星系和星系正在发生碰撞，将要并合为一个更大的星系。我们知道，任何有质量的物体相互之间都会产生引力，虽然引力会随着距离的增加而快速减小，但对于星系而言，它们的质量实在是太大了，相互之间的引力也就不可忽视。

在宇宙中，星系通常位于由于引力而束缚在一起的群体中。随着时间的演化，它们会逐渐靠近，最终相接在一起。它们本身所携带的气体、尘埃、恒星、暗物质等就会在局部相互吸引、摩擦、碰撞、融合，新的恒星会在星系碰撞并合的过程中生成。这个过程会一直持续到两个星系完全并合成一个大的星系。这一过程中，星系形态会由于并合的两个星系初始时的位置、形态、质量、速度等不同而千奇百怪。

其中有一个特别著名的正在发生碰撞并合的星系——触须星系。在亮度比较集中的心形区域之外，向两个不同方向延伸出两条明显的长长的像触须一样的结构。长长的"触须"是由于两个星系在相互靠近的过程中，星系外围的物质在潮汐力的作用下远离物质更集中的中心区域，在天空中留下的尾巴一样的结构。把心形区域放大，可以看到中间扭曲的核心部分中有两个比较亮的星系核，这是两个正在发生并合的星系，尚未并合形成新星系的单一的核心。

和左边旋涡星系接在一起的部分也是一个旋涡星系，是整体比较扁的星系，有两条明显的旋臂。中央也有一个相对较亮的核球部分，但是不像左边大星系的核球那么明显。

●核心区

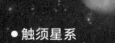

●触须星系

通过观测可以发现不少类似的正在发生碰撞并合的星系，说明星系和星系之间的碰撞是非常常见的。实际上，银河系和它的大邻居仙女座星系也在互相靠近。科学家测定仙女座星系的速度时，发现它和其他远处的星系不一样，它的速度和方向是朝向我们的，说明它正在向银河系不断靠近。根据计算，银河系和仙女座星系大约在 40 亿年之后会发生碰撞并合，逐渐合成一个星系。

为什么星系之间的碰撞并合很常见？那么恒星呢，太阳会和附近的恒星发生碰撞并合吗？

我们先来看星系和星系之间的大致距离。以银河系和仙女座星系为例，它们之间的距离大约是 250 万光年，而银河系本身的尺度大约是 10 万光年。为了更好地理解这两个尺度的对比，我们把银河系比喻成一个橙子，那么仙女座星系就是距离银河系大约 3 米的另一个橙子。由于这两个橙子之间有引力的相互作用，它们大概率会发生碰撞。

三角座星座
(M33)

仙女座
(M31)
40 亿年后
的碰撞

● 银河系与仙女座星系碰撞并合示意图

● 星系和星系之间发生碰撞并合形成一个稳定的新的星系，整个时间可能要持续几亿年。

我们再来看看恒星。太阳和离它最近的恒星比邻星之间的距离是 4.3 光年。如果也把太阳缩成一个橙子大小，这两个被橙子代表的恒星之间的距离会超过几千千米，要知道，从北京到三亚也只有 3000 千米。对于两个相隔几倍于北京到三亚距离的橙子，它们之间的碰撞是非常罕见的。也就是说，我们不用担心，太阳并不会和附近的恒星发生碰撞而毁灭。

当然，星系和星系之间的碰撞并合过程，并不是说"砰"的一下就完成了。这个过程会持续很长时间。从两个星系开始发生近距离相互作用，直到最后整个并合过程完成，形成一个稳定的新的星系，可能要持续几亿年的时间。也正是因为这个过程持续时间太长，我们会观测到很多正在发生碰撞并合的星系。

所以，银河系并不会永远保持现在的样子。40 亿年之后，如果人类还存在的话，可能会发现自己处于一个形状或许并不是旋涡状的更大的星系中，和我们现在所看到的银河系并不相同。

膨胀的宇宙

　　1924 年，哈勃测定了仙女座星云与地球的距离，证实了仙女座星云是位于银河系之外的天体。除此之外，哈勃还测定了很多其他星系与地球的距离，但是当哈勃将不同星系与地球的距离及这些星系与我们之间的相对速度画在一张图上时，却得到了一个惊人的发现：离我们越远的星系，会以越快的速度向远离我们的方向逃离！

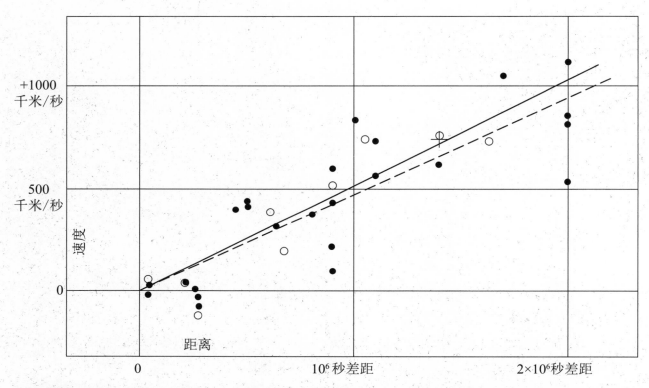

●1929 年哈勃发表在期刊上的图，这张图显示了银河系外的星系与我们的距离（横轴）和它们远离我们的速度（纵轴）之间的关系。

　　图中的横坐标是星系与地球上观测者之间的距离。这里描述距离的单位比较特殊，是天文学上经常使用的一种被称作"秒差距"的单位，1 秒差距约等于 3.26 光年。图中的纵坐标是星系远离我们的速度。图上每一个点代表一个星系。从图中可以看出，星系与我们的距离及它们远离我们的速度之间有很明显的相关关系，距离越远的星系，远离我们的速度也越快。由此就产生了著名的哈勃定律：星系的退行速度（即星系远离我们的速度）

和星系与我们的距离成正比。这样的线性关系可以在图中用直线表示出来，而这个线性关系的系数就是速度除以距离的值，即哈勃常数，其单位是（千米／秒）/10^6秒差距，简化为千米／秒／兆秒差距。如果哈勃常数是 70 千米／秒／兆秒差距，那么距离我们 1 兆秒差距的星系会以 70 千米每秒的速度远离我们，而距离我们 2 兆秒差距的星系会以 140 千米每秒的速度远离我们。这真是一个异常惊人的速度，毕竟超音速飞机也只能每秒飞行几百米而已。

实际上，受限于当时的测量手段和方法，哈勃对于星系与我们的距离的测量并不够精确，所以他当时测得的哈勃常数比我们今天测得的哈勃常数要大得多。当时计算出的哈勃常数大约是 500 千米／秒／兆秒差距，而我们今天测得的值大约是 70 千米／秒／兆秒差距。

无论哈勃常数是否准确，哈勃定律是毋庸置疑的。哈勃定律表明，宇宙在膨胀。

下面我们来举例说明。

拿一个气球，吹一小口气，让气球稍微膨胀一点儿；然后用记号笔在气球上画点，让点与点之间相隔一定的距离，让这些点布满气球；接着继续吹气球，随着气球不断变大，气球上的点和点之间的距离也逐渐增加。如果我们选取其中一个点就会发现：随着气球变大，其他的点和这个点之间的距离也在变化，离这个选取的点越远的点，距离的增加也就越大。因为每两个点之间的距离都随着气球的变大而增加，那么原本距离更远的点之间的距离增加得也就越多。反过来推测，如果气球上的两个点距离越远，其远离的速度，也就是单位时间内距离的增加也越大，说明这个气球正在膨胀。

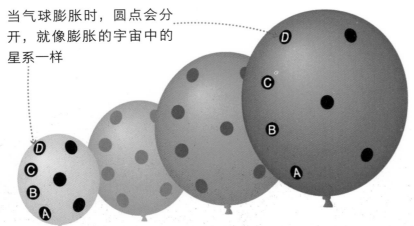

当气球膨胀时，圆点会分开，就像膨胀的宇宙中的星系一样

●随着气球越来越大，气球表面的点与点的距离也越来越远。

再举个例子，带葡萄干的面包或者发糕，在放入烤箱或者蒸锅之前，葡萄干在面团中是均匀分布的。对面团加热之后，随着温度的上升，面团开始膨胀，葡萄干之间的距离逐渐变大。和气球上的点一样，原本距离很远的葡萄干，随着整个面团的膨胀而分离得更远，单位时间内相隔的距离增加得越快。如果我们位于面团表面的一个葡萄干上，就会发现，距离我们越远的葡萄干，向远处退行的速度就越快。

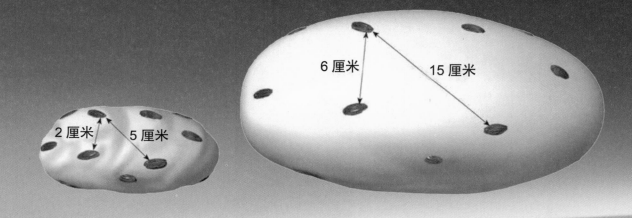

2 厘米　　5 厘米

6 厘米　　15 厘米

A. 发酵膨胀前的葡萄干面团　　　　B. 几小时后的葡萄干面团

● 膨胀的宇宙就像烤箱中的葡萄干面包

和上面两个例子类似，宇宙中的星系就像气球上的点和面团中的葡萄干。距离越远的星系退行速度越快，表明星系所处的宇宙空间正在膨胀。

　　所以，宇宙中星系和星系之间的距离并不是固定不变的，整体而言，是在不断增加的，宇宙是在不断膨胀的！

《 知识小卡片

哈勃－勒梅特定律　20 世纪之前，人们认为宇宙这个空间是没有变化的，变化的是其中运转的恒星、行星、尘埃、气体等。直到 1924 年之后，美国的天文学家哈勃首先发现仙女座星云位于银河系之外，证实宇宙中包含着众多星系，进而他发现这些星系之间的运动就像葡萄干面包上的葡萄一样相互远去，而且距离越远，彼此之间远离的速度越快，这就是哈勃定律。

看向宇宙深处——
回望宇宙小时候

在前文展示的图片中，我们看到了夜空中那些形状、颜色各异的星系。你有没有想过，图片上这些星系的样子是否就是照片拍下的时刻它们的样子呢？如果天文学家告诉你这一幅包含了很多星系图像的照片可能显示了宇宙不同时刻的样貌，你会不会觉得不可思议呢？

日常生活中，当我们拍照时，相机所记录下来的是那一时刻的景象。但是当我们拍摄天体时，所记录下的不一定是拍摄那一刻天体的样子。天文学家会告诉我们，此时拍摄到的可能是很久很久以前天体的样貌。这是怎么回事呢？

造成这种现象的根本原因是光速是有限的。大家知道，光的速度是 30 万千米每秒。光的速度如此之快，以至于我们在日常生活中很难感受到"光速有限"这个极为重要的物理概念。但是，当发光的物体离我们越远，它发出的光到达我们的眼睛就需要越长的时间，这个时间等于距离除以光速。假设在我们头顶上方 30 万千米的位置放一个特别亮的灯泡，并在 10：00：00 打开开关，令其发出蓝色的光，那么在 10：00：01 我们才能看到它。这是因为，从灯泡发出的光需要 1 秒的时间才能到达我们的眼睛。如果这个灯泡距离我们 60 万千米，同样在 10：00：00 打开开关，那么在 10：00：02 我们才能看到灯泡发出的光，在此之前，我们是看不到的。

从另一个角度来看，当我们在 10：00：02 首次看到两个灯泡时，看到的是近处灯泡 10：00：01 的样子和远处灯泡 10：00：00 的样子；在 10：00：03，我们看到的是近处灯泡 10：00：02 的样子和远处灯泡 10：00：01 的样子。

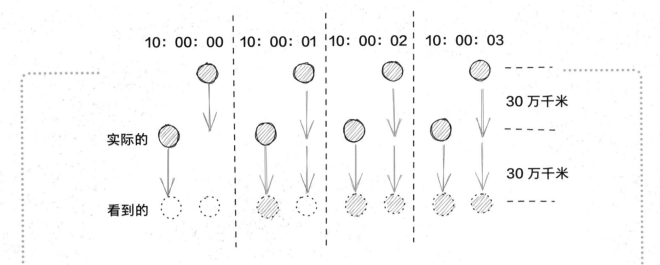

10: 00: 00   10: 00: 01   10: 00: 02   10: 00: 03

30 万千米

实际的

30 万千米

看到的

　　将这个问题变得再复杂一点。这次，我们在不同距离分别放置两个定时变换颜色的灯泡，一个距离我们 30 万千米，另一个距离我们 60 万千米，并让它们在 10：00：00 同时开始发光。每过一秒，这两个灯发出的光的颜色就会改变。第一秒发蓝光，第二秒发红光，第三秒发绿光，以此类推。10：00：01，我们会看到距离 30 万千米的那个灯泡发出的蓝光，此时距离 60 万千米的灯泡发出的光还没有到达我们的眼睛。10：00：02，我们会看到距离 60 万千米的灯泡发出的蓝光，同时会看到距离 30 万千米的灯泡发出的红光。10：00：03，我们看到的是距离 60 万千米的灯泡发出的红光，以及距离 30 万千米的灯泡发出的绿光……虽然这两个灯泡每个时刻发出的光是一样的，但由于它们和我们的距离不同，所以我们在给定时刻接收到的是它们在不同时刻发出的光。

　　位于宇宙空间的星系和灯泡的例子类似。当我们同时给宇宙中离地球不同距离的星系拍照时，对于距离越远的星系，我们接收到的是它在越早期发出的光，看到的是它越早期的样子。而星系作为宇宙重要的组成成分，我们通过对某一时期大量星系的观测，就能更多地了解宇宙在那个时期的情况。所以，观测距离地球不同远近的星系，实际上就是在观测处在不同年龄的星系，进而了解当时的宇宙的样子。包含着位于不同距离的星系的照片，其实就是一幅描述宇宙演变历史的画卷。

　　所以，对于今天所观测到的星系，它们距离我们的远近决定了我们看到的是它什么时候的样子，对应什么年龄的宇宙。我们没有办法直接观测距离我们非常远的星系近期的样子，也没有办法观测近邻的宇宙早期的样子。但是，看得越深远，表示我们越能回望更早期的宇宙，了解宇宙在不同时期的特点，进而研究宇宙的演化规律，研究关于宇宙组成和起源的有趣而深刻的物理问题。

致密天体
和引力波

　　行星、恒星、星系、膨胀的宇宙，仿佛我们对于宇宙已经非常了解。但当天文学家利用更先进的手段精确测量宇宙的各种成分，探索宇宙中尚待发现的区域，并利用现有物理规律和知识进行计算总结的时候，却发现存在偏差，甚至是巨大的偏差。是什么造成了这样的问题，宇宙当中那神秘的黑洞和近几年常被讨论的引力波又是什么？在本章中，让我们一起看一看这几个当今天文学研究中最前沿的问题，以及与之相应的一些物理规律。

太阳系

神秘的宇宙

　　在银河系中，除像太阳一样的恒星、恒星周围的行星，以及星际介质等物质之外，还有没有其他物质存在呢？

　　我们都知道，树上的苹果会落向地面，跳起来的人也会落回地面，是因为地球有着巨大的质量，始终对苹果和跳起的人有着向下的吸引力，让我们在通常情况下无法脱离地球。但是，如果向上飞的速度足够快，苹果或者人是可以离开地球表面并绕着地球运动的，就像空间站和其中的宇航员能够绕着地球在天上一直飞行一样。同样的，地球和其他的大行星都是在围绕太阳运动的。太阳的巨大质量对大行星们产生的引力能够让这些大行星在自己的轨道上绕着太阳一圈圈地运动。在这样的系统中，中心天体的质量、小天体和中心天体的距离，以及小天体绕转的速度这三者之间存在着一定的关系。在用一些方法测定了地球与太阳的距离，以及地球围绕太阳转动的速度后，就可以计算出太阳的质量。在太阳系中，总质量主要由太阳贡献，离太阳越远的地方，围绕太阳运动的其他大行星和小天体的绕转速度就越慢。

　　对于银河系，我们也可以用类似的方法测定它的质量。和太阳系中质量主要集中在太阳处所不同的是，银河系尺寸很大，从银河系中心到太阳系所在的位置，以及更向外的地方，都有很多物质存在。在这样的情况下，如果在距离银河系中心不同远近的地方，可以找到不同的围绕银河系中心运动的天体，那么通过测量它们的绕转速度，就可以得到包含在距离银河系中心不同范围之内的总质量。比如说，当我们测定了太阳和银河系中心的距离，也知道了太阳绕银河系旋转的速度之后，就可以计算出在银河系中，包含在太阳的轨道距离之内的总质量。通过这样的方法，银河系从中心向外的每一圈内的质量都可以测定，而不仅仅测定总体的质量。

　　我们熟悉的恒星、行星等普通物质构成的天体，都是以某种形式发出辐射或者说发光的。所以我们也可以通过测定这些物质发出的光的强弱，来推测发出这些光的物质的总质量。在太阳的轨道位置以及更靠近银河系中心的距离处，通过发光的物质推测得到的总质量和上面通过测定绕转速度所得到的质量非常一致。然而，在太阳轨道距离之外，向银河系的边缘走向更远距离的时候，人们发现通过这两种方法得到的质量有显著的差别。

随着离银河系中心越来越远，在比太阳轨道位置更往外的地方，发光的物质越来越少，对应着我们所看到的银河系越来越暗的外围区域，到一定距离，就几乎没有发光的物质了。因此，和太阳系中外围的小天体绕转速度会越来越小类似，银河系外围的小天体的绕转速度也应该逐步下降（黑色虚线）。但是，实际情况并非如此。观测到的银河系外围的小天体的绕转速度不但没有下降，反而出现了略微上升的情况（红色实线）！

在银河系可见的边缘以及更远地方的小天体仍然保持很高的绕转速度，说明在距离银河系中心很远的地方仍然有很大质量的物质存在。也就是说，在银河系中，特别是银河系的外围，存在大量我们看不到的有质量的物质。这些物质有如此大的质量，却并不是我们

在太阳所处位置的半径以内，通过发光的物质推测得到的质量和通过测定绕转速度所得到的质量非常一致。

远离银河系中心，数据（红色实线）与理论（黑色虚线）并不一致。

134

所知道的任何一种物质形式，不发出任何的光，除引力之外也不和其他物质发生任何的相互作用。到目前为止，我们并不知道这些物质是什么，也不知道它们由什么构成。这些我们看不见的不发光的神秘物质，被称为暗物质。

通过仔细的计算，我们能够知道，银河系中80%～90%的质量都是由暗物质贡献的。同样的，对其他星系的测量也表明，这些星系中在很大半径处的小天体也都保持比较快的绕转速度，其中也同样有暗物质的存在。而对于星系团的质量的测定说明：暗物质在星系团中也是普遍存在的，含量高达90%。也就是说，在宇宙中，我们可以看到的正常的物质，包括恒星、冷气体、热气体等，这些我们通常讨论的物质成分只占了所有物质的很小一部分。

暗物质到底是什么？

科学家们做出了很多推理和猜想，也建造了实验设备试图捕捉它们。然而暗物质始终在和我们捉迷藏，这一问题目前还没有得到解答。

银河系外围的小天体自转速度仍然很高，说明此处仍然存在质量很大的物质。

暗物质虽然无法被看到，但是在通过引力对其他物体产生影响，宣示着它们的存在，期待我们终有一天能够揭开它们的神秘面纱。

根据推测，银河系外围的小天体的绕转速度应逐步下降。

● 银河系的自转曲线：绕转速度和距离银河系中心的半径的关系

《 知识小卡片

暗物质 理论上提出的可能存在于宇宙中的一种不可见的物质，它可能是宇宙物质的主要组成部分，但又不属于构成可见天体的任何一种已知的物质。

黑洞的样子会变吗

2014年，科幻大片《星际穿越》上映了，其中关于黑洞的样子让人震撼：一个黑色区域在赤道方向上被一个明亮圆环所包围，同时黑洞的上方和下方各有一个明亮的半圆环。按照电影科学顾问基普·索恩（美国理论物理学家）的说法，这是第一次如此逼真并且高清地展示黑洞，所以当他看到荧幕上的黑洞时，不由地欣喜若狂。

《星际穿越》中展现的黑洞让人印象深刻，以至于大家觉得黑洞的样子就该如此。然而在2019年4月10日，第一张黑洞照片发布，我们发现黑洞的样子和电影中不太一样。大家会产生疑问，哪个是真正的黑洞呢？既然电影中的黑洞是高清的，是不是计算错了？

其实两个黑洞都是对的。之所以会有如此大的差别，是由于观测视角的不同。

为了搞清楚这两个黑洞的差别，我们需要明白电影《星际穿越》中展示的黑洞的由来。

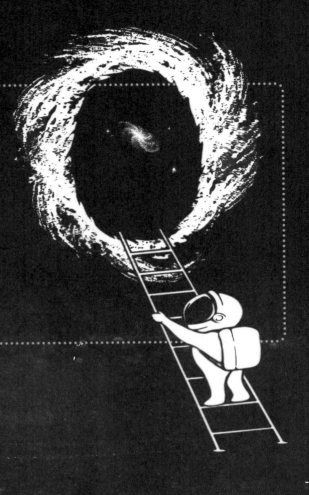

先来看看什么是黑洞。

黑洞是宇宙中最为致密的一类天体，在它的周围，时空扭曲非常严重。黑洞本身不发光，如果黑洞周围没有发光气体，就很难衬托出黑洞的存在，我们也就看不到黑洞的样子。无论是电影《星际穿越》中的黑洞，还是第一张黑洞照片，黑色区域周围发光的物体都是围着黑洞旋转的气体，它们通常被称为吸积盘。

电影《星际穿越》中黑洞的模样为什么如此奇怪呢？因为我们是沿着赤道方向观测的。黑洞周围的气体是沿着赤道方向运动的，但黑洞周围的时空极其扭曲，所以吸积盘发出来的光也会沿着弯曲的路径传播，以至于我们很难看到一个物体后面的景象。而在黑洞周围，黑洞强大的引力使得光线发生了弯曲，我们就可以看到黑洞后面的景象。黑洞后面吸积盘上面的光沿着弯曲的路径传到观测者眼中，而黑洞后面吸积盘下面的光沿着弯曲路径从下面传到观测者眼中。尽管光线传播的路径是弯曲的，但是观测者探测到这些光子以后，会依旧按照直线反推回去，从而造成了我们看到的围绕在黑洞周围的上下圆环。所以上下圆环其实是弯曲光线的视觉效应，类似于沙漠中的海市蜃楼。在天文学中，把这种光线弯曲的效应称为引力透镜效应。

黑洞周围的时空为什么会弯曲呢？这就涉及引力的本质了。在牛顿认识到引力时，他只知道两个有质量的物体之间存在引力，然而他不知道两个有质量的物体之间是通过什么样的方式产生引力的。这个问题一直困惑着他。一直到200多年后的20世纪初，伟大的物理学家爱因斯坦才首次回答了这个问题。爱因斯坦提出，引力其实是有质量的物体让时空弯曲后的表现。

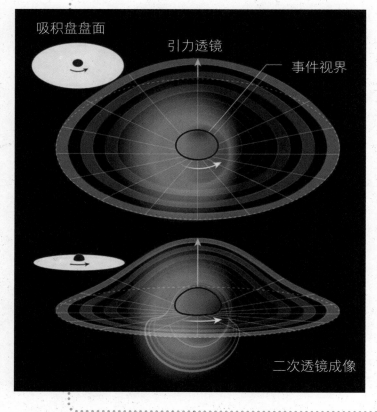

吸积盘盘面

引力透镜

事件视界

二次透镜成像

想象一下：一个水平方向上四周都拉紧的薄薄的橡胶膜，当这个橡胶膜上什么都没有时，它是平整的。一旦在上面放上有质量的物体，橡胶膜就不再平整，而是被这个物体向下拉伸。时间和空间就构成了这样的橡胶膜，将有质量的物体放在其中时，就会让时空弯曲变形。这就是弯曲时空表现出引力的原理。

时空弯曲了，光线为什么也会弯曲呢？这是因为光线在弯曲时空中传播时，沿弯曲的时空传播，路径最短，所以从节省能量的角度出发，光线会沿着弯曲的路径传播。

讲完了电影《星际穿越》中的黑洞形象，我们再来看第一张黑洞照片。在第一张黑洞照片中，黑洞的周围有一个圆环状的发光物体，这是周围的气体盘。那么这里的气体盘是一种视觉效应还是引力透镜效应呢？具体来说，这个圆环其实是吸积盘的真实样子。对于第一张黑洞照片，人类拍摄的角度正好是黑洞的转轴方向，几乎垂直于赤道方向，所以在这个方向上就没有透镜效应了。

所以我们可以看到，尽管电影《星际穿越》中的黑洞和第一张黑洞照片中的黑洞样子相差甚远，但是这两个黑洞都是对的，只是观测角度不同，才导致我们得到了不一样的图像。就像著名诗句"横看成岭侧成峰"，都是一样的道理。

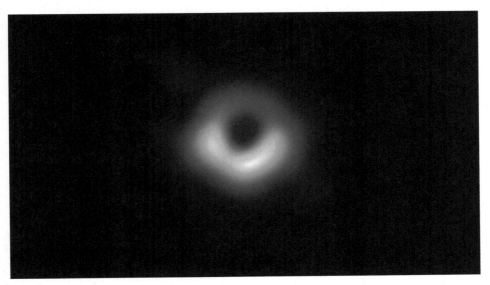

《 知识小卡片

吸积盘 质量大的天体的重力场较强，容易将天体周边的气体、尘埃或小天体等吸附过来。但由于这些物质本身在空间中的运动方向并不完全指向大天体，在大天体重力的影响下，这些物质才会围绕大天体旋转，同时逐渐向大天体下落。所有这些旋转下落的物质围绕大天体组成了一个盘，被称作吸积盘。

捕捉引力波

1916 年，即爱因斯坦提出广义相对论的第二年，他就预言了引力波的存在。在物理学中，直接探测得到的证据，能够更有力地证明相应的理论学基础的正确与否。广义相对论的支持者自然也就坚信，有朝一日他们一定能够探寻到引力波的存在，不过这一等就等了将近 100 年，直到 2015 年 9 月 14 日，终于探测到了第一例引力波 GW150914。这的确让世人兴奋。在几个月后的 2016 年 2 月，美国自然基金会召开了新闻发布会，并且宣称，人类首次直接探测到了引力波。正如发布会所言，在 1916 年引力波首次被爱因斯坦预言，苦苦追寻百年之后，首个位于地球之外 13 亿光年的引力波源 GW150914 被人类直接探测到了。

当代的物理理论认为，时间和空间真实地存在于宇宙中，所以当处于时空中的天体合并时，天体所释放出来的巨大能量就会扰动时空，这种波动向外传播，就形成了引力波。这类似于我们在水塘中扔下一块石头所产生的水波，我们时常把水波称为水的涟漪，所以引力波也时常被称为时空的涟漪。

探测到引力波 GW150914 的设备是美国的引力波激光干涉天文台。这个天文台的样子很奇怪，是两个长 4 千米、彼此垂直的真空管道。其实这个设备就是一个大型的迈克尔逊干涉仪。当引力波经过地球时，就会挤压地球周围的时空，使得彼此垂直的方向上发生拉伸和压缩的现象。迈克尔逊干涉仪能够将时空的变化转化为亮度的变化，从而探测到引力波。但是因为这种变化非常微小，所以需要把干涉仪做得非常大。即使目前的天文台可以达到臂长 4 千米，所测量的变化也仅仅只有原子核的大小。美国的引力波激光干涉仪有两个：一个是位于美国的华盛顿州的 handford，另外一个是位于路易斯安那州的 livingston，彼此相隔 3000 千米，利用两个探测器，就可以在一定程度上确定引力波源的方向。如果有更多的地面探测器，引力波源在天空中的位置将被定位得更为精确。除美国的探测器之外，还有位于欧洲意大利的"室女座"探测器、日本的 kagra 探测器。如同电磁波望远镜一般，科学家们也正在筹建一些更大型的引力波探测器，这样它们就会更灵敏，探测到从更遥远的位置发出更微弱引力波信号的天体（天文学中称为引力波天体）。这些探测器目前都在地球上，科学家在想办法把探测器发射到太空中去，就可以做得更大，就能探测到地面探测器很难探测到的一些天体。

第一次探测到的引力波天体是两个黑洞合并产生的。到 2022 年 9 月为止，科学家们已经探测到了 90 多例引力波事件，绝大多数的引力波都是在两个恒星级黑洞合并过程中产生的，相比较目前传统的电磁波发现黑洞的数目，电磁波也仅仅确认了 20 多个黑洞，所以我们可以看到，引力波成为目前发现黑洞的更为有效的方式。除双黑洞能够产生比较强的引力波外，在黑洞中子星旋转过程中，超新星爆发，还有一些孤立中子星，都是可能产生引力波的天体系统。我们知道，位于星系中心的超大质量黑洞，有时候也可能是一个超大质量的双黑洞，这样的系统也能产生引力波。要想探测到，就必须使用尺度更大的空间引力波探测器。欧洲的 LISA、中国的"太极"和"天琴"任务都将在未来发射到太空中做相应的观测。

　　在一些电影和小说中，曾经出现过引力波的说法。知名的《三体》小说中，就有引力波发射器，作为人类和三体人抗衡的武器。在科幻电影《星际穿越》中，主人公通过敲打时间线产生引力波将黑洞奇点的信息传递给了远在百亿光年之外的女儿。那么我们是否可以利用引力波来发送和传输信息呢？答案是，难度太大。最难的是产生引力波。2015 年 9 月 14 日所探测到的第一例引力波，是 3 倍太阳质量的能量释放出来时所产生的时空扰动，然而等到引力波传到地球附近时，对地球上的美国激光干涉探测器所导致的变形程度比一个原子核还要小。如此大的能量所导致的变形都如此之小，可以想象，在人类能够控制的能量远远低于一个太阳质量所对应的能量时，所产生的引力波肯定是极其微弱的。而在宇宙中，存在着因为各种天体现象所产生的引力波背景，即使人类能够产生人造引力波，也肯定会淹没在这个背景中，很难被探测到。当然，电影《星际穿越》中的人造引力波更是微弱，很难传到遥远地球的手表上。

引力波的直接探测，在人类科学探索史上具有划时代的意义。它是一个全新的探索宇宙的窗口。引力波的传播速度为光速，和电磁波的速度完全一样，当然引力波又不同于电磁波。因为最早探测到的引力波的频率刚好在人的耳朵能够听到的频段，所以有人就把引力波比喻为宇宙的声音，现在我们不仅能看到，而且能听到，一下子耳聪目明了。我们可以通过结合引力波和电磁波及其他的信息，比如宇宙射线、中微子等，更好地去发现和了解宇宙。不同的探测方式能够给我们提供了解宇宙的独特视角，所以有科学家把多种探测方式相结合的方式称为多信使。它能给我们提供多维度的信息，从而让我们能够更好地了解宇宙。

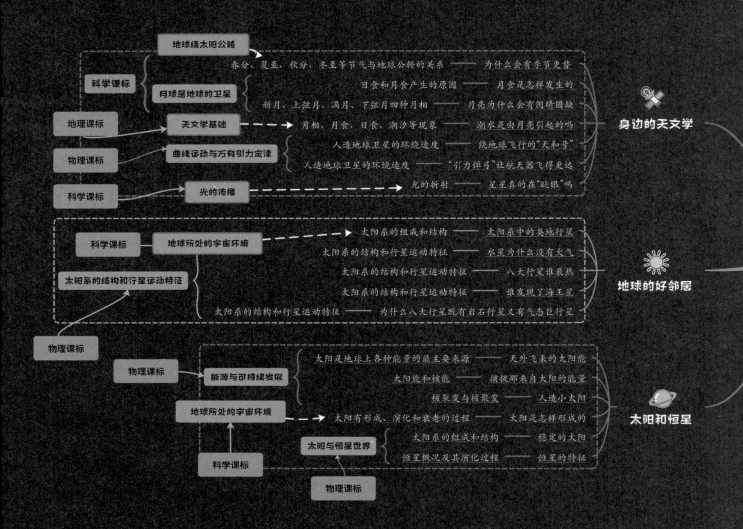

科学课标 ── 地球绕太阳公转

春分、夏至、秋分、冬至等节气与地球公转的关系 ── 为什么会有季节更替

地理课标 ── 月球是地球的卫星

日食和月食产生的原因 ── 月食是怎样发生的

天文学基础 ──> 新月、上弦月、满月、下弦月四种月相 ── 月亮为什么会有阴晴圆缺

物理课标 ── 曲线运动与万有引力定律

月相、月食、日食、潮汐等现象 ── 潮水是由月亮引起的吗

人造地球卫星的环绕速度 ── 绕地球飞行的"天和号"

人造地球卫星的环绕速度 ── "引力弹弓"让航天器飞得更远

科学课标 ──> 光的传播 ──> 光的折射 ── 星星真的在"眨眼"吗

身边的天文学

科学课标 ── 地球所处的宇宙环境 ──> 太阳系的组成和结构 ── 太阳系中的类地行星

太阳系的结构和行星运动特征 ── 水星为什么没有大气

太阳系的结构和行星运动特征

太阳系的结构和行星运动特征 ── 八大行星谁最热

太阳系的结构和行星运动特征 ── 谁发现了海王星

太阳系的结构和行星运动特征 ── 为什么八大行星既有岩石行星又有气态巨行星

地球的好邻居

物理课标

物理课标 ── 能源与可持续发展

太阳是地球上各种能量的最主要来源 ── 天外飞来的太阳能

太阳能和核能 ── 捕捉那来自太阳的能量

地球所处的宇宙环境 ──> 核裂变与核聚变 ── 人造小太阳

太阳有形成、演化和衰老的过程 ── 太阳是怎样形成的

太阳与恒星世界 ── 太阳系的组成和结构 ── 稳定的太阳

科学课标 ── 恒星概况及其演化过程 ── 恒星的特征

物理课标

太阳和恒星

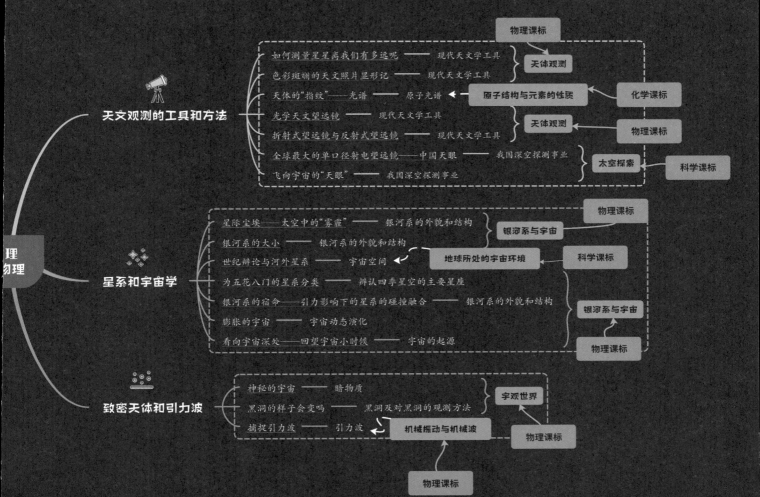

理
物理

天文观测的工具和方法

如何测量星星离我们有多远呢 —— 现代天文学工具
色彩斑斓的天文照片显形记 —— 现代天文学工具
天体的"指纹"——光谱 —— 原子光谱 ← 原子结构与元素的性质 ← 化学课标
光学天文望远镜 —— 现代天文学工具
折射式望远镜与反射式望远镜 —— 现代天文学工具
全球最大的单口径射电望远镜——中国天眼 —— 我国深空探测事业
飞向宇宙的"天眼" —— 我国深空探测事业

物理课标
天体观测
天体观测 ← 物理课标
太空探索 ← 科学课标

星系和宇宙学

星际尘埃——太空中的"雾霾" —— 银河系的外貌和结构
银河系的大小 —— 银河系的外貌和结构
世纪辩论与河外星系 —— 宇宙空间 ←
为五花八门的星系分类 —— 辨认四季星空的主要星座
银河系的宿命——引力影响下的星系的碰撞融合 —— 银河系的外貌和结构
膨胀的宇宙 —— 宇宙动态演化
看向宇宙深处——回望宇宙小时候 —— 宇宙的起源

物理课标
银河系与宇宙
地球所处的宇宙环境 ← 科学课标
银河系与宇宙
物理课标

致密天体和引力波

神秘的宇宙 —— 暗物质
黑洞的样子会变吗 —— 黑洞及对黑洞的观测方法
捕捉引力波 —— 引力波 ← 机械振动与机械波

宇观世界
物理课标

物理课标

后记

关于 "万物皆有理"

《万物皆有理》系列图书是众多科学家和科普作家联手奉献给青少年朋友的一套物理启蒙的科普读物，包括海洋、天体、地球、大气以及生活五部作品。

2020年初，电子工业出版社的编辑吴宏丽约我写一部适合小学高年级和初中生阅读的物理科普图书，意在激发小学生对物理的兴趣，更好地衔接中学物理课程。我觉得这个想法非常好。

青少年学好物理不仅是为了学好一门课程，更重要地是能增长看世界的能力，能提出更多的为什么，这对他们未来的发展非常重要。

但是，这样的作品写起来也相当有难度。

我是一名专业作家，也是中国科普作协的一名理事，一直从事少儿科学文艺创作及其理论研究，出版过几百万字的作品，如长篇科学童话《酷蚁安特儿》系列、绿色神话《骑龙鱼的水娃》系列，以及科幻童话《我想住进一粒尘埃》等。基础物理科普并不是我的创作方向。但是，这个选题却触动了我多年来的一个心结。

前些年，我在全国各地中小学进行科普讲座期间，经常会听到孩子和家长提出这样的问题：市面上那么多科普书，为什么适合小学生的书那么少？家长如何为孩子选购科普书？怎样辨别书里知识的正误？孩子不喜欢物理课怎么办？孩子们为什么没有科学想象力？

这些问题让我产生了一个强烈的愿望：市面上能有更多更好的、适合中小学生阅读的、具有科学启蒙性的作品出现。这些作品能帮助孩子们提高学习兴趣，又使其不被课堂知识束缚想象力。

经调研发现，在各种各样的科普作品中，适合中小学生阅读的精品科普图书不多的主要原因有三个：一是对受众的针对性研究不够，不能有的放矢；二是内容的科学性不强，不能获得读者信任；三是文字的可读性不够，不能做到深入浅出。

为什么会出现这些问题呢？

因为科普创作是一门需要文理双通的学问，想写好不容易。例如，有的科学家写科普缺乏深入浅出地讲故事的能力，而科普作者又存在科学知识视野不够等问题。

针对这些问题，我们采取了三项措施：一是邀请众多科学家参加创作，以保证科学性，我们先后邀请了中科院的高登义、苟利军、国连杰、李新正、魏科、张志博、申俊峰等不同领域的科学家，以他们为核心组成创作团队；二是由科普作家对创编人员进行科普创作方法培训，以解决可读性问题；三是全员参与研究中小学的物理知识范围，让知识的选取和讲述更有针对性。

尽管如此，创作过程还是非常艰辛的。因为我们要求作品不仅能深入浅出，有故事性，还要体现"大物理"的概念。也就是不仅要传递物理知识和概念，把各种自然现象用物理原理进行诠释，还要将科技简史、科学思想、科学精神和人文关怀融入其中，让小读者们知道：千变万化的大自然原来处处皆有理；人类在追求真理的路上，是如此孜孜不倦且充满奇趣；还有很多的未解之谜有待揭示。

针对《万物皆有理 天文中的物理》，负责人苟利军和主创团队冯麓及王岚在图书编写过程中，与丛书主编和出版社编辑团队进行多次沟通，在制定大纲的同时，积极进行内容撰写。成稿后，还对内容进行了多次修改和完善。希望读者通过本书了解宇宙的奇妙的同时，能够收获更深一层的宇宙知识。

感谢电子工业出版社对我的信任，他们心系青少年科普事业的情怀让我感动，从而让我愿意花费大量的时间和心血来主编这套作品。

科普是一种教育。

一部优秀科普作品对孩子的影响，有时是不可估量的。我们的创作初心是寓教于乐，扎扎实实地做好基础科普，希望能让孩子们在畅读的过程中，不仅能收获知识，也能接收到科学精神和人文素养的熏陶。

由如此众多的科学家与科普作家联手创作的作品，还是非常少见的，为解决科学性和趣味性融合难题做了一次很有意义的尝试。当然，尽管大家努力做到最好，在某些方面也难免不尽如人意，甚至存在错误。我们欢迎批评指正，共同为青少年打造出更好的作品。

霞子

中国科学院科学家 与著名科普作家 **联合创作**

作者团队

霞　子　国家一级作家
高登义　中国科学院大气物理所研究员
苟利军　中国科学院国家天文台研究员
李新正　中国科学院海洋研究所研究员
国连杰　中国科学院地质与地球物理所理学博士，地质学家
张志博　中国科学院声学研究所研究员
冯　麓　中国科学院国家天文台副研究员
王　岚　中国科学院国家天文台副研究员
魏　科　中国科学院大气物理研究所副研究员
申俊峰　中国地质大学教授
袁梓铭　中国科学院海洋研究所博士研究生
张　立　环境评测工程师

"万物皆有理" 系列丛书